自然地下水調査法

日本国内863箇所の地下水温

竹内篤雄 著
京都大学理学博士・技術士

近未来社

Investigating Methods for Natural Groundwater
—Temperature of Groundwater at 863 areas in Japan—
by Atsuo Takeuchi

published by Kinmiraisha
Nagoya (2017)

はじめに

　社会活動が活発化し，地域開発が進むにしたがって，我々と地下水との関わりはますます複雑になってきている。都市部では大雨・集中豪雨などによる宅地造成の切り土・盛り土などの斜面崩壊，河川増水による堤防破壊，農作物の育成に大きな役割を担っているため池の堤体漏水などに悩まされ，山地では長雨・大雨・融雪期などに数多く発生する地すべり・山崩れなどの山地地盤災害に悩まされている。これらの諸災害の原因は，浅層地下水あるいは降水浸透に依存している場合が多い。

　昔は，平地であれば掘り抜き井戸，山地であれば湧水または横井戸などを利用すれば生活用水は事足りていた。時代が進むにしたがい地域開発が進み，平地では地下鉄・下水道・共同溝・超高層ビルなど大規模な地下構造物建設による浅層地下水の涸渇・堰き止め，各種工場などからの排水・産業廃棄物に伴う地下水汚染による生活用水の使用制限，山地ではトンネル掘削あるいは大規模斜面切り取りに伴う井戸の涸渇や湧水の涸渇などの地下水障害の発生等，我々の生活に直接関わる地下水問題が大きく取り上げられるようになってきている。ということで，地下水は我々の生活に対し多岐にわたって多種多様な影響を及ぼしている。

　このように地下水が関与している種々の問題に対して，これまではマクロな見方で問題を解決しても，我々の生活に大きな支障は生じなかった。しかし，今日のように高密度化された社会生活の中においては，マクロな見方だけでは十分に対処しきれず，クライアントに対して多大な不満感を抱かせる状態となっている。このように高密度化された社会の要請に対して満足感を与えられる解答を導き出すためには，地下水に対してミクロな見方を導入した問題解決法の出現が望まれている。

　これまでに多くの研究者・技術者によってなされてきた調査・研究成果を顧みると，地下水とは単に地下水層として一様かつ層状に存在するだけではなく，地下水流脈（いわゆる「水ミチ」）として水脈状に存在している場合も多いことが指摘されている。また，帯水層は垂直的に一枚の層として存在している場合もあるが，多くの場合それぞれ微妙な透水性の相違によって異なる水位・水頭を有する複数の帯水層で構成されていることも認められている。それら複数の帯水層が地盤災害・地下水障害に及ぼす影響の度合いは，それぞれの地層の水理的特性によって異なっていることも指摘されている。

　したがって，先述したような諸問題を少しでも現実に近い形で解決しようとするならば，「水ミチ」状に存在する地下水と垂直方向並びに水平方向に何枚か存在する性質の異なる帯水層（これを「層別地下水」あるいは「領域別地下水」と呼ぶ）について，それぞれ現状に合致した詳しい情報を得る必要がある。つまり「自然状態における地下水のあるがままの姿」を把握し，その上で問題となっている現象と「水ミチ」・層別地下水・領域別地下水との関わり合い方を明確

にし，それに対して適切な処置を講じることが大切ではないかと考える。
　これらの問題を解決する一手法として，我々は解析・解釈に際して主観が入りにくいと共に，調査実施に際し経費的に廉価である自然界に存在している「温度」あるいは「電気」という物理的因子を用いた地下水調査法の開発に努めてきた。これらの調査法はこれまでにも多くの試行錯誤がなされ，研究上はかなりの成果を上げていることは先人の示すところである。しかし，現地調査手法としては，まだあまり人口に膾炙し得ていないように思われる。
　そこで我々は，上記二つの利点つまり解析・解釈に主観が入りにくいことと調査経費が廉価であることに着目して，これらの調査法を「自然地下水調査法」として位置づけ，現地で実施する際の手順・解析・解釈の方法について記述することにした。
　自然状態における地下水の姿と自然地下水調査法の一部を構成している「1m深地温探査法」については，拙著（2013）ですでに述べてある。
　本書では，まず「自然地下水調査法の必要性」について述べる。次いで，地下水の垂直方向における存在状態に関する情報を得ることを目的として実施される「多点温度検層」と地下水の流向・流速に関する情報を得るために実施される「単孔式加熱型流向流速計」について記述する。
　さらに，第10章に記した「日本各地の地下水温」は，これまで著者が測定した日本各地（863箇所）における4,726本の地下水温についてまとめたものである。このデータは，近年自然エネルギー活用の一環として，浅層地温を利用した冷暖房の基礎資料として使用できるのではと考え，掲載したものである。
　現地の第一線で調査・設計を担当されている方々に少しでも役立てていただけるようにと考え，地盤災害・地下水障害など具体的な調査事例を数多く取り上げて記述するように努めた。この小著がこれらの問題に携わっている方々に少しでも参考となる部分があれば望外の喜びである。
　なお，ここに著したものは，1996年に執筆した「温度測定による流動地下水調査法」（古今書院）を基にして，その後の研究成果を踏まえて，多点温度検層および単孔式加熱型流向流速計の部分を全面的に改訂したものであることをここに記しておく。
　本書の中の多点温度検層実験に関しては，京都大学大学院理学研究科・渡邊知恵子氏の修士論文作成の際になされたものであり，地下水流動層・流速流動方向の季節変化に関する現地試験に関しては，群馬大学理工学部・吉原宏貴氏の卒業論文作成の際になされたものである。ここに記し両氏に謝意を表する。
　また，第9章に記した「地下水調査のためのボーリング孔の仕上げ方」については，地温調査研究会「地下水調査のためのボーリング孔仕上げ方委員会」で検討された結果である。地下水調査のためのボーリングを掘削される場合は，これを参考に施工していただければと思う。
　本書の図面作成に当たっては，田口知子氏に全面的にご協力いただきました。また，本書の内容の照査に当たっては，安田 匡博士（学術）のお手を煩わせました。ここに記し両氏に謝意を表します。

また，この本がここに上程されるまでには，数多くの方々にお世話になりました。中でも，恩師である伊藤芳朗先生ならびに湯原浩三先生には，地温調査法に関する研究の発端から学位論文完成まで，いろいろなご教授・ご指導を賜りました。ここに記し深謝いたします。

　現地調査にあたっては，故内藤光男氏，上田敏雄氏，土屋彰義氏，油野英俊氏，川崎純男氏，田村和彦氏，堀永昌宏氏，宮崎基浩氏，教え子である渡邊知恵子氏と大谷沙織氏，群馬大学理工学部の松本健作博士（工学），原澤剛史氏，吉原宏貴氏の各氏にお世話になりました。さらに，各地方自治体，旧日本道路公団の方々に現地調査に当たって多大のご協力を戴きました。上記の方々に対し，ここに感謝の意を表します。

　なお，本書に使用した写真のいくつかは地温調査研究会の有志の協力を得ました。ここに記し謝意を表します。

　本書を刊行するに当たりましては，近未来社の深川昌弘氏と中内由美氏のご厚意に負うところが多大であります。ここに記し感謝の意を表します。

　最後にこれまでの研究生活を支えてくれた，糟糠の妻典子に心からの謝意を表します。

2016年秋

　　　　　　　　　　　　　　　　　　　琵琶湖畔にて　　竹内 篤雄

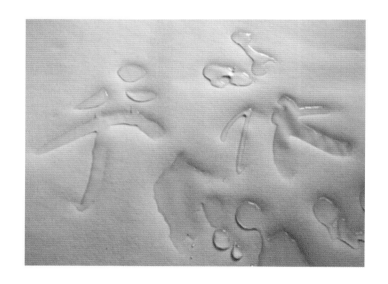

上田 普氏(カバー作成者)の略歴とご紹介

　1974年兵庫県出身。四国大学書道コース卒業後，中国浙江大学へ留学。その後，カナダトロントなど数カ国で個展を開き，2009年中国ハルピンでの展示会では栄誉賞を受賞。新進気鋭の書家で，いろいろな素材を使った書には目を見張るものがある。これからのさらなる発展に大いに期待したい。

　また，ハモニカ奏者としての実力も素晴らしく，彼の属しているグループのライブにはできる限り参加して，演奏を楽しませていただいている。

　今回は，縁あって白い用紙に水で「水ミチ」と書くという新しい発想で，この素晴らしい表紙を制作していただいた。こころから感謝の意を表したい。

自然地下水調査法
― 日本国内863箇所の地下水温 ―

はじめに ……………………………………………………………………… 3

第1章　自然地下水調査法の必要性 …………………… 11
1-1　従来の地下水調査法 …………………………………… 12
1-2　現地に見る地下水の存在状態 ………………………… 13
1-3　透水性の不均一生 ……………………………………… 15
1-4　地盤災害と「水ミチ」の役割－地すべりを例として－ ………… 18
1-5　自然地下水調査法を構成する調査法とは …………………… 19
　　　＜コラム＞地下水と私①　自然地下水調査法とは？ ………… 22

第2章　地下水位と孔内水位との違い …………………… 23
2-1　地下水位とは …………………………………………… 24
2-2　水位日報 ………………………………………………… 24
2-3　孔内水位とは …………………………………………… 26
　　　＜コラム＞地下水と私②　地すべり対策工の評価 ………… 28

第3章　多点温度検層法 …………………………………… 29
3-1　多点温度検層の必要性 ………………………………… 30
3-2　多点温度検層の原理 …………………………………… 34
3-3　多点温度検層の概要 …………………………………… 35
3-4　多点温度検層の実施方法 ……………………………… 38
3-5　孔内温度を変化させる方法 …………………………… 39
　　3-5-1　孔内温度を上げる方法 …………………………… 39
　　3-5-2　孔内温度を下げる方法 …………………………… 41
3-6　地下水流動層の検出方法 ……………………………… 42
3-7　従来の検層法（温度検層・塩分稀釈による地下水検層）との対比 … 43
　　3-7-1　温度検層との対比 ………………………………… 43
　　3-7-2　塩分稀釈による地下水検層との対比 …………… 44
3-8　「温度復元率－時間曲線」からおおよその流速を推定する方法 … 46
　　3-8-1　CCDカメラで測定した結果との対比例 ………… 47
　　3-8-2　多点温度検層から深度方向に連続的に流速を推定した例 … 50
3-9　条件を変えた検層 ……………………………………… 51

　　　　3-9-1　揚水しながらの検層1 ……………………………………… 51
　　　　3-9-2　揚水しながらの検層2 ……………………………………… 52
　　　　3-9-3　使用中のポンプを停止して検層する方法 ………………… 54
　　　　3-9-4　ケーシング孔ならびに孔内傾斜計設置孔を利用した
　　　　　　　　地下水流動層検出の試み ………………………………… 55

第4章　多点温度検層結果の解釈の仕方 …………59

　4-1　4つのパターン ……………………………………………………… 60
　4-2　実験 …………………………………………………………………… 62
　　　　4-2-1　実験装置 …………………………………………………… 62
　　　　4-2-2　実験方法 …………………………………………………… 63
　　　　4-2-3　実験結果 …………………………………………………… 66
　　　　4-2-4　考察 ………………………………………………………… 76
　4-3　実験結果に基づいた現地検層結果の解釈の例 ………………… 80

第5章　孔内洗浄と検層結果の対比 …………………83

　5-1　検討方法 ……………………………………………………………… 84
　5-2　検層結果 ……………………………………………………………… 85
　5-3　孔内洗浄が意味するもの ………………………………………… 92
　　　　＜コラム＞地下水と私③　孔内洗浄の方法 ……………………… 94

第6章　いろいろな地層における検層例 ……………95

　6-1　砂礫層における簡易洗浄と送気洗浄による流動層検出の相違
　　　　－洗浄の必要性－ …………………………………………………… 96
　6-2　粘土質砂礫層を主体とする地層での検層例－間詰めの必要性－ … 96
　6-3　粘土混じり砂礫層で検出された被圧水 ………………………… 98
　6-4　砂礫層で厚い流動層を検出 ………………………………………… 99

第7章　単孔式加熱型流向流速計 ……………………101

　7-1　はじめに ……………………………………………………………… 102
　7-2　温度を利用した単孔式加熱型流向流速計の開発 ……………… 102
　7-3　単孔式加熱型流向流速計 ………………………………………… 103
　　　　7-3-1　原理 ………………………………………………………… 103
　　　　7-3-2　特徴 ………………………………………………………… 103
　　　　7-3-3　計測器の構成 ……………………………………………… 103

7-3-4　実験による検証 …………………………………………… *105*
　7-4　センサー設置方法と測定方法 ………………………………………… *106*
　　　7-4-1　センサー設置方法 ………………………………………… *106*
　　　7-4-2　測定方法 …………………………………………………… *106*
　7-5　解析の方法 ……………………………………………………………… *107*
　　　7-5-1　流動方向 …………………………………………………… *107*
　　　7-5-2　流動速度 …………………………………………………… *107*
　7-6　実施例 …………………………………………………………………… *109*
　　　7-6-1　礫混じり粗砂層での例 …………………………………… *108*
　　　7-6-2　砂礫層での例 ……………………………………………… *109*
　　　7-6-3　粘土混じり砂礫層での例 ………………………………… *109*

第8章　流動地下水の季節変動 ……………………………… *111*

　8-1　河川改修工事に伴う流動層存在深度および流向流速の変化 … *112*
　8-2　2つの小河川に挟まれた土地の流動層存在深度および
　　　　流向流速の季節的変動 ……………………………………………… *115*

第9章　地下水調査のための観測孔の仕上げ方 …… *119*

　9-1　観測孔仕上げ方の現状 ………………………………………………… *120*
　9-2　ボーリング掘削孔径 …………………………………………………… *123*
　9-3　観測孔仕上げの諸条件を決めるための実験 ………………………… *125*
　　　9-3-1　実験装置 …………………………………………………… *125*
　　　9-3-2　実験方法 …………………………………………………… *126*
　9-4　フィルター材 …………………………………………………………… *126*
　9-5　ストレーナー加工 ……………………………………………………… *128*
　9-6　間詰材 …………………………………………………………………… *130*
　9-7　孔内洗浄 ………………………………………………………………… *133*
　　　9-7-1　代表的な孔内洗浄方法とその留意点 …………………… *133*
　　　9-7-2　洗浄実験事例および洗浄効果 …………………………… *133*
　9-8　観測孔仕上げのための諸条件の検討のまとめ ……………………… *137*
　　　9-8-1　掘削孔径，開口率，フィルター材，間詰材 …………… *137*
　　　9-8-2　孔内洗浄の仕方 …………………………………………… *138*
　〔参考1～5〕観測孔仕上げ並びに孔内洗浄に関わる経費 ……………… *139*
　　　　　　　（2014年の歩掛かりに基づく）
　　　　　1）観測孔仕上げに必要な経費 ……………………………… *139*
　　　　　2）孔内洗浄に関わる経費 …………………………………… *140*
　　　　＜コラム＞地下水と私④　作業マニュアル整備の必要性 …… *142*

第10章　日本国内の地下水温 …………………………… 143

- 10 - 1　測定方法 ………………………………………………… 144
- 10 - 2　全体的傾向 ……………………………………………… 144
- 10 - 3　地下水温（北海道地方）……………………………… 147
- 10 - 4　地下水温（東北地方）………………………………… 148
- 10 - 5　地下水温（関東地方）………………………………… 150
- 10 - 6　地下水温（甲信越地方）……………………………… 151
- 10 - 7　地下水温（東海地方）………………………………… 152
- 10 - 8　地下水温（北陸地方）………………………………… 155
- 10 - 9　地下水温（近畿地方）………………………………… 155
- 10 - 10　地下水温（中国・四国地方）………………………… 162
- 10 - 11　地下水温（九州・沖縄地方）………………………… 166
- 10 - 12　都会における地下水温の高温化現象 ……………… 168

〔附表〕日本国内863箇所の地下水温データ ………… 169

- 〔附表1〕北海道地方における地下水温測定結果 ……………… 170
- 〔附表2〕東北地方における地下水温測定結果 ………………… 171
- 〔附表3〕関東地方における地下水温測定結果 ………………… 172
- 〔附表4〕甲信越地方における地下水温測定結果 ……………… 174
- 〔附表5〕東海地方における地下水温測定結果 ………………… 175
- 〔附表6〕北陸地方における地下水温測定結果 ………………… 177
- 〔附表7〕近畿地方における地下水温測定結果 ………………… 179
- 〔附表8〕中国・四国地方における地下水温測定結果 ………… 188
- 〔附表9〕九州・沖縄地方における地下水温測定結果 ………… 191

あとがき ……………………………………………………………… 193
文　献 ………………………………………………………………… 195
索　引 ………………………………………………………………… 198

第1章
自然地下水調査法の必要性

中国・甘粛省で見た「水ミチ」

1－1　従来の地下水調査法

　これまで，地下水は地中に一様に存在しているという仮定の下に各種の議論がなされていた。確かに大局的に見れば，地中に一様に地下水が存在していると見なしてよい場合もあるかもしれない。しかし，視点を変えて，地盤災害や地下水汚染に目を転じた場合，上記の仮定の下にこれら諸現象の解明に対処していいものであろうか？

　これまで一般的に行われてきた地下水調査法の主目的は，「何処にどれだけ有効に利用することのできる地下水が存在しているか？」に関する諸情報を得ることであった。つまり，地下水を効率的に利用するために必要な情報を得ることを目的としてなされてきたもので，「資源地下水調査」と名付けるべきものである。このために，透水係数，貯留係数，帯水層厚などの諸数値が現地ならびに実験室で求められてきた。

　今日までは，資源地下水調査法を駆使して，地すべり・山崩れなどの山地地盤災害や大規模建設工事に起因する地下水の涸渇や異常出水，あるいは地下水汚染などの諸現象を説明しようとしたところに各種の問題が生じていたと推察される。

　拙著（2013：古今書院）に記したように，地下水は地中に均一に存在しているというよりも，むしろ地下水流脈（「水ミチ」）として存在している可能性が高く，その「水ミチ」が地下水に関わる諸現象に大きく関与していることが明らかにされつつある。

　したがって，山地地盤災害，地下水の涸渇・異常出水，地下水汚染，堤体漏水，などの諸現象をできる限り正確に解明するためには，これまで行われてきた「マクロな地下水」に対する考え方のみではなく，諸現象に関与している地下水のより詳細な存在状態を明らかにするための「ミクロな地下水」に対する見方を取り入れる必要があると考える。

　これまでは，地下水の存在場所，地下水の容れ物などに関する情報を得るために，電気探査と弾性波探査が多用されてきた。これらの探査法は，主として地下水の分布状況と，その容れ物となりやすい地質構造についての情報を得るために実施されるものであり，それぞれそれなりの成果を上げてきている（Takada：1968, 萩原・表：1938, 落合：1964, 川本・岡本：1969, Takeuchi：1971a,bなど）。

　しかし，これらの結果には，地盤災害・地下水障害に関与している地下水と関与していない地下水の両者が含まれているとともに，粘性土中の地下水と透水層中の流動地下水の両者も含まれてしまう。また，これらの探査法から得られる結果を用いて，滞留性地下水と流動性地下水とを分離解析することは，非常に難しい面がある。

　したがって，これらの探査結果に基づいて，地下水に起因する災害・障害を排除しようとしても，容易に適正な効果を上げることができない状態が散見された。

　例えば，地すべり調査では直接的な地下水調査法として，トレーサー法による地下水追跡調査，ボーリング孔を利用した地下水流動層検層，水質分析，水位観測，揚水試験等が実施されている。これらの調査法は「水ミチ」の流路を探るとともに，その水塊分析を行うために実施されてきている。これらの調査法は，直接地下水に

触れるものであるため，得られる情報は地下水が関与する諸現象の問題解決に直接結びつく場合が多い。

しかし，これらの調査を行うためには，何らかの方法で，湧水点，ボーリング孔，井戸などの水を採取・測定・観測しなくてはならない。このことは，上記の方法によって得られる情報の精度が，採水点・観測点の多寡によって大きく左右される可能性の高いことを示唆している。したがって，各種の要因で採水点・観測点を十分に確保することができない場合は，地下水についての高い精度を有する情報を得ることが難しいことになる。

井戸の選定やボーリング孔の掘削地点の選定は，これまでは地形的・地質的検討に基づいてなされてきた。特に，地すべり調査では，安定解析に必要な主断面に沿って数本のボーリング孔が掘削された。その孔を利用して各種の地下水調査が実施されてきている。

地盤災害・地下水障害のように「水ミチ」の存在が大きく関与している場合は，その存在場所についての情報なしに，採水点・観測点を設けても，諸現象の原因を解明するための有益な情報を得ることは非常に難しいと考える。

従来実施されている諸地下水調査法から得られる情報を有効に利用するためには，予め「あるがままの地下水の姿」に関する正確な情報を得ておく必要がある。つまり，平面的には「水ミチ」の流動経路，垂直的には「水ミチ」を構成している地下水流動層の存在深度とその数，各流動層を流れる地下水の流速と流動方向に関する情報を得ることである。

1－2　現地に見る地下水の存在状態

では実際に，地中に地下水はどのような状態で存在しているのであろうか？　次に，現地で見た地下水の存在状態について例を挙げて述べる。

写真1-1は，キルギスタンで見た巨大な「水ミチ」の露頭である。地下水が湧出している幅は約3mであった。周囲の地質は崩積土が厚く堆積している状況だった。

写真1-1　巨大な「水ミチ」
（キルギスタン）

写真1-2　「水ミチ」の露頭
（イタリア・ベスビオス火山）

写真1-2は，イタリア・ベスビオス火山の斜面で見た「水ミチ」の露頭である。その幅は約30cmであった。無降水時は，写真に見られるような涸渇状態であるが，降水時には多量の地下水が火山灰を混入した状態で流出するという。
　写真1-3は，広島県庄原の崩壊斜面で見た「水ミチ」露頭で，径20cm程度の穴

写真1-3　広島・庄原での「水ミチ」

写真1-4　崩壊地冠頭下部に大きな「水ミチ」

写真1-5　花崗斑岩に認められた「水ミチ」

写真1-6　大規模掘削で認められた「水ミチ」

写真1-7　切り取り斜面と「水ミチ」露頭

写真1-8　横孔排水ボーリング孔群の排水状況

が開いている。無降雨時でも多少の地下水の流出が認められている。降水時には穴の周辺に認められるように礫を混入しながら地下水が流出してくるという。

写真1-4は，崩壊地冠頭部下方（円内）に径50cm程度の「水ミチ」が認められる。降雨時には多量の地下水が流出するという。

写真1-5は，花崗斑岩に認められた「水ミチ」で，径は30cm程度である。無降水時においても，多少の地下水流出が認められる。

写真1-6は，巨大な地下掘削の際に認められた「水ミチ」の露頭である。この掘削後，斜面とは反対側にあった井戸の涸渇現象が認められたという。

写真1-7は，切り取り斜面に認められた「水ミチ」の露頭である。その大きさは，径2～3m程度である。

写真1-8は，地すべり地で地下水排除工として通常施工されている横孔排水ボーリング孔群である。孔群を見ると，地下水が多量に排出されている孔と，ほとんど排水が認められない孔とが混在している状況が認められる。ちなみに，降水時と無降水時の排水量の比は10倍にも達するという。

写真1-9a,bは，地すべり防止工事の一つとして施工される集水井戸内の写真である。井内の同じ深さに掘削された集水ボーリング孔群であるにもかかわらず，多量の集水量を見るボーリング孔と，ほとんど集水が認められないボーリング孔が混在している。

写真1-9a　集水井内の集水状況　　写真1-9b　集水井内の集水状況

以上の切り取り斜面，崩壊地冠頭部，横孔排水ボーリング孔群，集水井内集水ボーリング孔群の写真を見ると，土層・地層の如何に関わらず，地下水は地中に一様に存在しているとは限らず，ある部分に集中して流動している場合があることを示唆している。

1－3　透水性の不均一性

1-2で記述したように，地中のある部分に集中して地下水が流動しているとした場合，その部分の粒度分布は，その周囲と比較してどのような違いがあるのかについて検討した。

試験対象としたのは，兵庫県北部の道路建設現場の切り取り斜面に認められた地下水が滲出あるいは流出している部分（湿潤状態にある：土壌採取番号1, 2, 4, 7, 8）とそれらの現象が認められない部分（乾燥状態にある：土壌採取番号3, 5, 6）で，それぞれ土壌を採取し，粒度分析をした。土壌採取場所を写真1-10に示した。
　土壌粒度分析結果を図1-1に示した。この図を見ると，地下水浸出あるいは流出現象が認められるところ（1, 2, 4, 7, 8）では，礫部の含有率が高いことが示されている。一方，地下水浸出・流出現象の認められていないところ（3, 5, 6）では，細粒部の含有率が高いことが示されている。この結果から，地下水が滲出あるいは流出しているところでは，細粒部が少なく，地下水が流動しやすい状況にあることが推察される。
　次に，京都府北部の地すべり地に施工されている集水井内の集水ボーリング孔群からの地下水流出量を基にして，地中の透水性について検討した。
　集水井内の同一深度から水平方向に仰角5°で長さ50mの集水ボーリング孔が11本掘削されている。降水時および無降水時における各ボーリング孔の集水量を測定した結果を図1-2に示した。この図を見ると，降水時・無降水時に関わらず，集水量に大きな変化の認められるボーリング孔とほとんど変化が認められないボーリング孔とが混在していることが示されている。
　地下水が一様に存在していると仮定するならば，どのボーリング孔からもほぼ同量の集水があると想定される。図に見るようにボーリングによって，その集水量が大きく変わるということは，ボーリング孔が掘削されている場所によって地層・土層の透水性に差があることを示唆している。
　そこで，各ボーリング孔の集水量，有効ストレーナー長，集水井周辺の水位観測孔における水位低下量を基にして，各ボーリング孔が掘削されている周辺の透水係数を算出してみた。その結果を図1-3に示した。
　図1-3を見ると，ボーリング孔間の透水性には，$10^{-5} \sim 10^{-3}$cm/secの幅があることが示され，地中の透水性にはかなりの幅のあることが示されている。このことから，地下水は透水性の大きな部分を選択しながら流れて，一連の「水ミチ」を形成していると推察される。
　また，図1-3中に示した両矢印（⟵⟶）は，降水時および無降水時の集水量を基

写真1-10　切り取り斜面（兵庫県北部）
　　　　　1～8 →：土壌採取場所

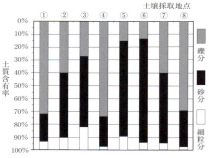

図1-1　粒度分析結果

にして求めた透水係数の幅を示す。降水時には大きな値を，無降水時には小さな値を示すことが示されている。その幅は5倍程度ある場所もある。ただ，本来大きな透水係数を示すボーリング孔（No.6あるいはNo.11）では，降雨・無降雨に関わらず，透水性に大きな違いは認められないようである。無降雨時に透水性が低下する要因の一つに，降水時の浸透水によって細粒部が流脱されて透水性が大きくなるが，無降雨時には周囲の細粒部が間詰めするように集積されるために，透水性が低くなるためと推察される。

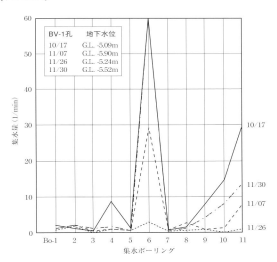

図1-2　各集水ボーリング孔の集水量の変化

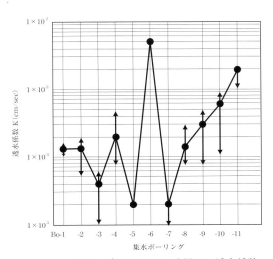

図1-3　各ボーリング孔周辺の透水係数

1-4 地盤災害と「水ミチ」の役割—地すべりを例として—

　前述したように，透水性の大きなところを流れる地下水によって「水ミチ」が形成されているとするならば，その「水ミチ」と地盤災害とはどのような関係にあるかについて，ある試験地における長期観測結果に基づいて述べる。

　試験地となったのは，新潟県松之山地すべり地冠頭部付近である。この試験地で，4年間にわたり「水ミチ」と土塊活動との関係を観測した。その結果を，図1-4に示す。

　図の右に示したものが，試験対象地の図面である。図の中央部にある湧水点（2箇所認められた）を中心として測点間隔3m，測線長60m計21測点を設けて，1m深地温を月1回の割合で測定し，その結果を基にして「水ミチ」の規模を推定した。図中点線で示したものは，1m深地温によって検出された「水ミチ」の経路である。①～⑥はボーリング孔で，①と④のボーリング孔は「水ミチ」流動経路内に，他のボーリング孔は「水ミチ」外に掘られた。それぞれのボーリング孔の孔内水位も月1回計測された。また，ボーリング孔①は，地中内部ひずみ計として使用され，土塊変動状況に関する情報を得ることを目的として，深度方向に1m間隔にひずみゲージが貼り付けられており，そのひずみ量も月1回測定された。それらの観測は，1972年1月から1975年12月まで行われた。その結果を図1-4の左図に示した。

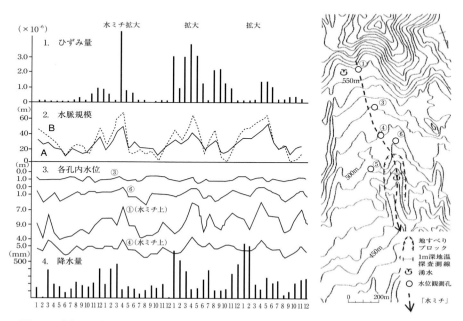

図1-4　「水ミチ」の規模の変化と土塊活動との関係（左図：観測結果，右図：地形図）

1.は，地中内部ひずみ計の測定結果を示す。各深度のひずみ量の大きさによって，滑り面の位置ならびにその移動量に関する情報を得る。

2.は，長さ60mの定測線で測定された1m深地温の値を基にして推定された「水ミチ」の規模の変動を示してある。

3.は，ボーリング孔の孔内水位を測定した結果を示してある。①と④は「水ミチ」流動経路内に設置されたものであり，③と⑥は「水ミチ」流動経路外に設置されたものである。

4.は，1ヶ月ごとの累積降水量を示している。

このグラフから次のことを読み取ることができる。

① 図中の4.（月ごとの累積降水量）と2.（「水ミチ」規模）を対比すると，降水の多寡によって，「水ミチ」の規模も拡縮していることがわかる。冬季は降水が積雪として蓄えられているため，「水ミチ」の規模は小さい。しかし，融雪期になると多量の融雪水の浸透によって，急激に「水ミチ」の規模は大きくなっているのが認められる。

② 図中の2.と3.（孔内水位）を対比すると，「水ミチ」の規模が拡大すると「水ミチ」に設置されたボーリング孔の孔内水位が上昇している（ボーリング①と④）。しかし，「水ミチ」外に設置されたボーリング孔の孔内水位には大きな変動は認められていない（ボーリング③と⑥）。

③ 図中の1.（ひずみ量）と2.を対比すると，「水ミチ」の規模が大きくなると，ひずみ量の増加が認められる。特に，1973年の融雪期には，「水ミチ」の規模の拡大とともに，ひずみ量も非常に大きな値を示しており，土塊が変動したことを示唆している。この時期に現地踏査を行ったところ，「水ミチ」を中心として，図1-4の右図に示したように馬蹄形状の亀裂が多数認められ，土塊活動が生じたことが確認された。

④ 図中の1.と2.を対比すると，長雨時あるいは融雪期に「水ミチ」の規模が拡大するたびに，土塊変動も活発になっていることが，ひずみ計の観測結果に示されている。

以上，長期にわたる観測結果から，「水ミチ」の拡大が地盤災害特に地すべり活動に大きな影響力を持つという貴重な情報を得ることができた。

1－5 自然地下水調査法を構成する調査法とは

これまでに述べてきたように，地下水は地中に一様に存在しているとは限らず，一部は「水ミチ」状に存在している可能性の高いことが示された。また，この「水ミチ」状に存在している地下水が地すべり・山崩れなどの地盤災害に大きな影響力を有していることが示された。

このことから，地下水が関与している災害・障害を正しく解明し，適切に対処するためには，「地下水のあるがままの姿（存在状態）」を明らかにするための調査法の必要性が理解できると考える。この目的を達成するための地下水調査法を「自然

地下水調査法」と名付けた。

これまでに，地下水の存在場所あるいはその容れ物に関する情報を得るために適用されてきた各種調査法の多くは，人為的に電流を流したり，振動を与えたりするという調査対象に対して何らかの負荷を与えて，その応答からいろいろな情報を得てきた。

われわれは，調査対象に対して人為的に大きな負荷を与えないで，「地下水のあるがままの姿」に関する情報を得ることを目的として，自然界に存在する物理的因子を利用した「自然地下水調査法」の枠組みを構成してきた。

自然地下水調査法は次の手法によって構成されている。
1. 自然界に存在する熱的性質を利用したもの
 　　１ｍ深地温探査……「水ミチ」の平面的流動経路の把握
 　　多点温度検層 ……「水ミチ」の垂直的構造の把握
 　　　　　　　　　　流動層の存在深度, 枚数, 層厚, 流動層の水理的性質の把握
 　　単孔式加熱型流向流速計…流動地下水の流速と流動方向の把握
2. 自然界に存在する電気的性質を利用したもの
 　　自然電位接地法……「水ミチ」の平面的流動経路の把握
 　　自然電位埋設法……流動地下水の流速と流動方向の把握

これらの探査法の最大の特徴としては，以下の点を上げることができる。
1. 自然界に存在する物理的因子（熱，電気）を利用したものであるため，探査実施時に環境に対して，不必要な負荷を掛けることがない……人為的に大量の熱を加えたり，強制的に電気を流したりすることはない
2. 探査法の原理が簡単であるため，解析に際し不必要な因子が入りにくく，測定結果に再現性がある……測定結果の解析に対し，ブラックボックスがない自然地下水調査法を行うことにより，次のことを明らかにすることができる。

1. 地すべり，山崩れ・がけ崩れ，斜面崩壊など山地地盤災害に悪影響を与える地下水に対する評価
2. 各種建設工事による地下水への影響評価
 　　大規模地下掘削に伴う周辺地下水への影響評価
 　　道路建設予定地における切り土・盛り土による地下水への影響評価
 　　トンネル掘削による地下水への影響評価
 　　廃棄物処分場などによる地下水への影響評価
3. 河川堤防・ため池堤体からの漏水
 　　旧河川の伏流水流動経路の評価
 　　河川堤防の漏水箇所に関する評価
 　　ため池堤体漏水に対する評価
 　　堰からの漏水の評価
4. 植物の根腐れ，部分枝枯れなど植物に関与する地下水の評価

自然地下水調査法の位置付けは，図1-5に示すようになっている。つまり，「自然地下水調査法」という大きな枠があり，その中に調査対象に的を絞った各種地下水調査法が包含されているというものである。

　「災害地下水調査法」：山地地盤災害のように，その災害に悪影響を与える「水ミチ」を探り出すことに的を絞った地下水調査法
　「建設地下水調査法」：大規模地下掘削のように，掘削に伴う地下水の渇水・異常出水に的を絞った地下水調査法
　「堤体地下水調査法」：河川堤防あるいは，ため池堤体の漏水現象に的を絞った地下水調査法
　「遺跡地下水調査法」：磨崖仏などのように，その形状を変形させる地山から滲出する地下水に的を絞った地下水調査法
　「壁面地下水調査法」：トンネル内湧水，あるいは斜面保護用擁壁からの地下水の浸み出しなどに的を絞った地下水調査法
等々，ある現象に特化した地下水調査法が存在してしかるべきではないかと考える。

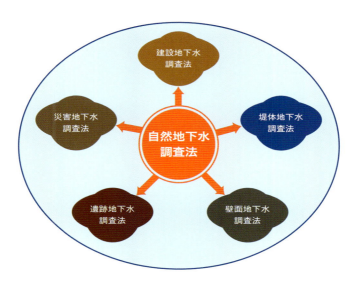

図1-5　自然地下水調査法の枠組み

自然地下水調査法とは？

　次のような相談を受けたことがある。

「ある場所で地すべりが起きています。この原因を探りたいのですが？」
　　原因を知るためには，その現象に関与している地下水の存在状態を三次元的に明らかにすることが必要です。

「地下水の存在状態を三次元的に捉えることって，本当にできるのですか？」
　　できますよ！

「そのためには，何をすればいいのでしょうか？」
　　まず，調査対象地に流れている地下水がどのような経路を辿ってここに至ったのかに関する平面的な情報を得る必要がありますね。

「それはどのようにすればわかるのでしょうか？」
　　浅層地温と流動地下水温との温度差を利用した1m深地温探査法を使うのです。

「実際に使ったことはありませんが，その方法なら私も知っています」
　　1m深地温探査法で「水ミチ」の平面的な存在状態についての情報を得たら，次はその「水ミチ」の構造を知ることですね。

「水ミチの垂直構造ですか？」
　　そうです，その「水ミチ」が何枚の地下水流動層で構成されているのか，それらの厚さ，さらにどの深度に存在しているかについて知ることが必要です。

「それはどのような方法でわかるのですか？」
　　多点温度検層を行えば，先ほど述べた情報は全て知ることが可能です。

「わかりました」
「次に知りたい情報は，それぞれの流動層を流れる地下水の流速とその流動方向です。流速と流向を知るにはどうすればいいのですか？」
　　対象とする流動層が存在している深度に流向流速計を設置すれば，流速と流向についての情報を得ることができます。

「なるほど。この3つの方法を行えば，地下水を三次元的に捉えることができるのですね」
　　そうです。我々はこれを"地下水のあるがままの姿（自然の姿）"を捉える方法という意味から，「自然地下水調査法」と呼んでいるのです。

第2章
地下水位と孔内水位との違い

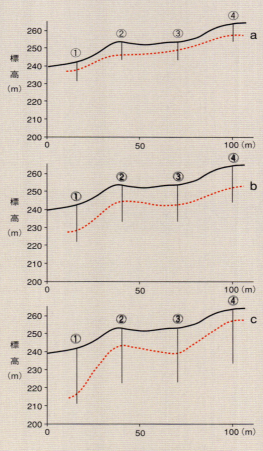

掘削深度ごとに水位線が異なる。
どれが本当の地下水位？

2－1 地下水位とは

　地下水位については，いろいろな書籍に次のように記述されている。

　酒井（1965）はその著書の中で，「あらゆる種類の地下水の水面の位置を地下水位（Ground-water Level）という。地下水位はある基準面上の高さとして，また地表面下の深さとして測定されまた表現される」と述べている。

　P.A.Domenico・F.W.Schwartz（1990，大西雄三監訳）は「地下水面とは，そこでの圧力が正確に大気圧に等しい，地下における水の表面である」としている。

　物理探査用語辞典（1979）では，地下水面を「地下水の上面，空隙に富む粒状物質からなる地層（たとえば砂礫層）の地下水は，飽和帯と上部にある通気帯の境界で地下水面を形成するボーリング孔や井戸では一つの水面としてあらわれる」としている。

　山本（1970）は「地下水面は粒状物質の中でも厳密には判然としないから明確な定義は下せないが，一般には地下水帯の上表面として理解されている。地下水帯の上表面は毛管現象によってジグザグしているが，井戸やボーリング孔の中には水面があらわれるので，これを地下水面と呼ぶのである」としている。

　水の百科事典（1997）では「飽和帯では，気相の部分である間隙は比較的小さなガスを除けば，水で満たされている。この水が地下水で，大気圧と同じかそれよりも大きな圧力のもとで存在している。地下水の上表面は，自由地下水面あるいはたんに地下水面と呼ばれている」としている。

　フリー百科事典Wikipedia（2015/06/05現在）では「地下水とは，広義には地表面より下にある水の総称であり，狭義では，特に地下水面より深い場所では，帯水層と呼ばれる地層に水が満たされて飽和しており，このような水だけが「地層水」や「間隙水」「地下水」と呼ばれ，地下水面より浅い場所で土壌間に水が満たされずに不飽和である場合はその水は「土壌水」と呼ばれる」としている。

　以上の各書における記述を読む限り，地下水は地表面下のある深度以深に一様に存在していることを示唆している。数ある地下水学に関する書籍を通覧しても，地下水は地表面下に一様に存在しているという仮定の下に，各種の理論的な議論がなされている。しかし，現実問題として，単純に理論的に検討した結果とは相容れない現象が多数起きている。

2－2 水位日報

　ボーリング孔掘削を行っている際に，常に経験する現象として次のようなものがある。つまり，ボーリング孔掘削の進行に伴って，水位の出現・消失あるいは孔口から噴出するほどの被圧水など様々な現象に遭遇する。

　このような水位変化状況は，通常ボーリング孔を掘削する際に，孔内水位の存在が確認された後は，作業前と作業後にその水位を測定・記録して「水位日報」（「孔内水位－掘進長」グラフ）を作成することによって知ることが可能となる。

その一例を図2-1に示す。図を見ると，掘削1日目で深度Gl-2.8mに孔内水位が認められている。作業終了後の掘削深度はGl-8.8mで，水位は深度Gl-2.1mに上昇している。これは送水掘削の際の水の残留によるものと思われる。翌日作業前の水位は深度Gl-3.0mまで低下していた。作業終了後の掘削深度はGl-14.8mとなっており，水位は作業前と同じ深度Gl-3.0mで変化は認められていない。3日目の作業前には孔内水位は深度Gl-7.2mに低下している。このことは掘削深度Gl-8.8mとGl-14.8mの間のどこかで地下水が逸水していることを示唆している。当日の掘削深度はGl-18.2mであり，作業後の水位は深度Gl-2.4mに上昇している。これは送水掘削による水の残留によるものと推定される。4日目の作業前の水位（前日の送水掘進による水の影響がなくなったと思われる水位）は深度Gl-13.6mまで低下している。このことは，掘削深度Gl-14.8mとGl-18.2mの間で地下水の逸水が起きていると考えられる。この日の作業後の掘削深度はGl-24.2mであり，水位は深度Gl-13.0mであった。5日目の作業前の孔内水位は深度Gl-22.6mとなっており，前日の作業後の水位よりもGl-9.6mも低下していることが示されている。このボーリング孔の最終掘削深度はGl-26.0mであり，作業後の孔内水位は深度Gl-21.8mであった。翌日，孔内水位を測定したところ，深度Gl-18.0mまで上昇していることがわかった。このことから，掘削深度Gl-24.2mとGl-26.0mの間で，地下水の流入および湧出が推定される。

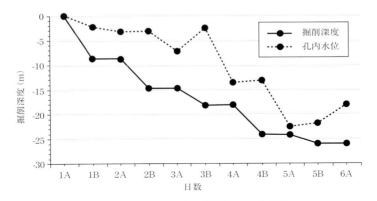

図2-1　水位日報の例（A：作業前，B：作業後）

この例を見てもわかるように，最終掘削深度後，ボーリング孔内に示された「地下水位」というものが何を意味しているのかは不明確であることが理解できる。つまり，掘削深度の進捗にしたがって，孔内に生じる水位は変動しており，どの水位をもって「地下水位」と判断すればよいのか迷うところである。

したがって，最終掘削深度後に形成された水位の変動状況を測定して，地下水に関する諸問題を論じていることに対して，疑義を抱かざるを得ないと考える。むしろ，「掘削日ごとの水位変動が，水位・水頭の異なる複数の地下水流動層からの水の供給・流出によって生じているものである」ということを理解することが大切であると考える。

2-3 孔内水位とは

　図2-2にある地形断面上に，掘削された複数本のボーリング孔の一定掘削深度ごとの水位線を示した。掘削深度Gl-10mの時の水位線（a）は，点線に示したようになっている。次にそれぞれの掘削深度がGl-20mに達したときの水位線を（b）に示した。次の（c）はそれぞれの掘削深度Gl-30mのときの水位線を示してある。（a）～（c）はかなり異なった水位線を示している。掘削深度が深くなるにしたがって，それぞれのボーリング孔の水位が下降したり，上昇したりしている。どの掘削深度の水位をもって「地下水位面」とすればよいのか判断に迷う。

　この原因は，地中には水位・水頭の異なる帯水層あるいは流動層が複数枚存在していることにあると考える。つまり，それぞれの地下水が存在している水理地質的構造の相違に起因していると推察される。

　もし，ボーリング孔の掘削を均一な透水性を有する厚い地層で行ったならば，このような現象は起こらず，つねにほぼ一様な水位を示すはずである。

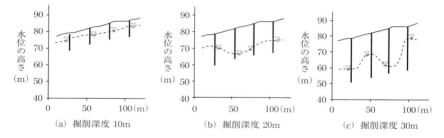

図2-2　掘削深度ごとの水位線の変化

　いま仮に，A，B2枚の透水層が難透水層に挟まれて存在しているとした場合，図2-3（1）～（3）に示すようなことが考えられる。A・B層の間は難透水層で構成されているため，この間では地下水の逸水現象は生じていないものとする。また，B層の下位に存在する地層も難透水層で，溢水現象は生じていないものとする。

（1）の場合：
　地層条件は，A層の水位（WLA）よりもB層の水頭（WLB）の方が低い場合を想定している。ボーリング掘削深度が，A層に到達するまでは孔内に地下水の滲出は認められず，水位面は形成されない。A層に達した段階で孔内水位が形成されるが，これはA層の水位に規制されたものとなる。さらに，A層下位に存在する難透水層にまで掘削が進んだ段階の孔内水位は，あくまでもA層の水位に規制されたものとなっている。しかし，掘削深度がB層に達した瞬間に，これまで形成されていた孔内水位は，B層の水頭の影響を受けることになる。今回の条件では，B層の水頭の方がA層の水位よりも低いので，A層内の地下水はボーリング孔内を降下し，両者の水位・水頭の平衡が取れた深度に水位（1）が形成されることになる。

(2) の場合：

地層条件は，A層の水位（WLA）よりもB層の水頭（WLB）の方が高い場合を想定している。ボーリング掘削深度が，A層に到達するまでは孔内に地下水の滲出は認められず，水位面は形成されない。A層に達した段階で孔内水位が形成されるが，これはA層の水位に規制されたものとなる。さらに，A層下位に存在する難透水層にまで掘削が進んだ段階の孔内水位は，あくまでもA層の水位に規制されたものとなっている。しかし，掘削深度がB層に達した瞬間に，これまで形成されていた孔内水位は，B層の水頭の影響を受けることになる。今回の条件では，B層の水頭の方がA層の水位よりも高いので，B層内の地下水はボーリング孔内を上昇し，両者の水位・水頭の平衡が取れた深度に水位（1）が形成されることになる。

(3) の場合：

A層とB層の水位・水頭の条件は（1）に示した例と同じで，B層の下位の地層が亀裂に富んでおり，その亀裂は地下水的に不飽和な状態にあると仮定する。A層とB層を掘削中は，それぞれの水位・水頭に左右されて孔内水位は形成される。しかし，B層を貫通した瞬間に不飽和の亀裂に富んだ地層に遭遇して，A層とB層の地下水は，不飽和な状態にある地層内に流出してしまい，場合によっては孔内に全く水位が形成されない状態になってしまうこともある。

このように，決められた掘削長まで掘削されたボーリング孔の最終水位は，その孔全体の帯水層・地下水流動層が有する水位・水頭の合成された「平衡水位」ということになる。このような水位を，掘削によってボーリング孔内に生じた水位ということで，「孔内水位」と称することにする。これをもって「地下水位」とすることには疑念を抱かざるを得ないことは理解できると思う。

一般的には，孔内水位≠地下水位である。ただし，ある条件下（均一な水理的特性を有する地層）においては，孔内水位＝地下水位となることもある。

なお，ここで述べたことの妥当性を検証するために水槽実験を行った。これについては，後述する（4-2）。

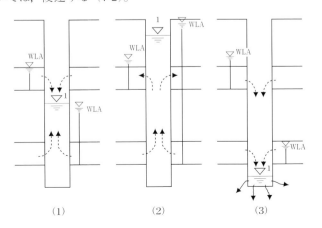

図2-3
地下水位・水頭と孔内水位との関係

地すべり対策工の評価

　地すべり防止対策工の一つとして，地下水排除工がある。この工事を行った際の評価は，対策工の種類によってその水位低下高は変わるが，ボーリング孔内の水位が何m降下したかによってなされている。その際の「水位」とは何を指しているのか？

　日本地下水学会で出している「地下水用語集」には「地下水位とは，ボーリング孔の中で測定される水面の標高値」と記されている。この文章から推察すると，ボーリングが掘削された地点では，孔底まで全層均一な透水性を持つ地層で構成されていることになる。

　本章でも述べているが，ボーリングを掘削した際に最初に認められる地下水の水位は，掘削が進むにしたがって，上昇したり降下したりして次々と変化してゆく。

　通常は，目標の掘削深度に達した段階で，最終的に認められた水位が地下水位とされている。地下水排除に重きを置いた地すべり防止対策では，この水位が何m低下したかによってその効果が評価される。しかし，果してこれでいいのだろうか。

　ボーリング掘削深度が進むにしたがって，その水位が上下するということは，その間に何枚かの多少透水性の異なる地層によって帯水層が区分されていることを示唆している。このような状態にある中で，何m水位が低下したということを持って，対策工の評価を行っていいものであろうか。

　本来であれば，どの帯水層の水位の変動が地すべり活動に大きく関与しているかを調査した上で，対象となる帯水層の水を抜く工事を行う必要があるのではないかと考える。

　地下水のあるがままの姿と起きている現象との関係についての知識をもう少し持って欲しいものである。

第3章
多点温度検層法

多点温度検層器一式（15mもの）

3-1 多点温度検層の必要性

前章で検討したことから，地下水に起因する諸現象をできる限り正しく解明するためには，土層・地層内の真の地下水位・水頭を測定し，それの変化状況と諸現象との関係を検討する必要がある。そのためには，土層・地層内に存在している地下水流動層の数とそれらの存在深度についての情報を得る必要がある。その一つの手法として塩分稀釈による地下水検層法（渡・酒井：1965）がある。この検層を行うことによって，孔内水位以深に存在している地下水流動層に関しては，有益な情報を得ることができる。しかし，図3-1に示すように，孔内水位が深い場合には，孔内水位よりも上に存在する地下水流動層に関する情報を得ることができないという大きな欠点がある。

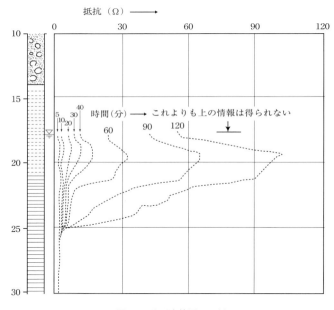

図3-1 地下水検層の一例

実際にこのボーリング孔では，孔内水位よりも浅い深度から地下水が孔内を流下している音を聞くことができた。しかし，その流出箇所を特定することができない状況にあった。この点を改善する方法として，申（1988）は「段階式汲み上げ検層法」を提案している。これは任意の掘削深度ごとにボーリング孔掘削を一時中断し，塩分稀釈による地下水検層を行うものであり，得られる情報は貴重なものであるが，多くの時間と経費を必要とする。

地すべり・山崩れなどの山地地盤災害，大規模地下掘削・トンネル掘削などの建設工事に伴う井戸涸れ・異常湧水現象，地下水汚染・汚濁，堤体ないし堤体基

盤漏水に伴う内水災害などの諸分野においても，これら諸現象の原因を解明するためには，地下水との関わりをできる限り正確に把握する必要がある。しかしながら，今日まで地下水の流動層を適切に把握する手法が見つからない状態にあった。

このような状態を解決する手法として，孔内水位の存在の有無に関わらず，地下水流動層に関する情報を得る方法を探り出す必要がある。その一つの手法として，地層中に滞留して周囲の地温に同化している「滞留性地下水」と周囲の地温に同化していない「流動地下水」との温度差と温度勾配の違いを利用した「温度検層」，「示差温度検層」，「多点温度検層」による地下水流動層検出法が提案された。いずれの検層法も孔内に水が存在しない場合でも，地下水流動層によって影響を受けた孔内空気の温度を測定することで，地下水流動層の存在深度を把握することができる。これらの検層法は，並列的に開発されたものではなく，従来実施されていた「温度検層」（竹内：1981, 1996）の欠点を補うものとして「示差温度検層」（竹内・上田：1986, 1987, 1988, 竹内：1996）が，また，この「示差温度検層」の欠点を補うものとして「多点温度検層」（竹内・上田：1989a,b, 1990, 1991, 1992, 竹内：1989）が順次開発された。温度検層ならびに示差温度検層については，その欠点を以下に簡単に記す。

温度検層は水温検層用センサーを孔口付近で十分に孔内温度に馴染ませた後，一定間隔（通常50cm間隔）で孔底まで温度を測定していく。得られた結果を図3-2のように「温度－深度曲線」として表現し，温度勾配あるいは温度曲線の急変点などから流動地下水の存在深度および流動層の数に関する情報を得ようとする検層法である。この検層によって，概略的な地下水流動層に関する情報を得ることが可能である。しかし，もう一つ進んでより詳細な情報を得ようとすると，難しい点がある。

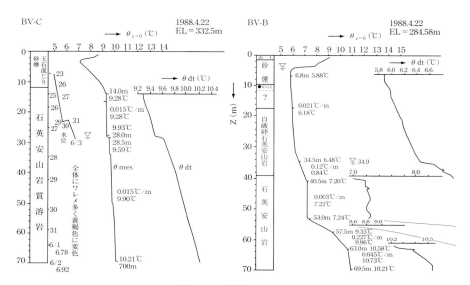

図3-2　温度検層の例

示差温度検層は同じ精度を持つ測温体を一定間隔（50cm）離してケーブルに設置し、一定速度で孔口から孔底まで降下させて、両方の測温体の温度とその温度差を記録していくものである。測定法の原理と測定器の概要を図3-3に示す。

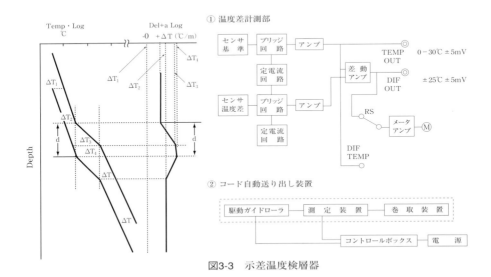

図3-3　示差温度検層器

　示差温度検層結果の模式図と実例を図3-4に示す。下に示したグラフは、自然状態において実施したものである。この場合、孔内水位がGl-4.9mに存在し、流動層はGl-5.7から-7.7m付近に検出されている。図中◎を付けた間（波線区間）が流動層と判定される。

　示差温度検層を行う方法として、自然状態で行う方法と温水注入により孔内温度を故意に変化させて行う方法の2種類がある。上記2種類で検層を実施した例を図3-5に示す。この図を見ると、深度Gl-8m以深では両者がほぼ等しくなっており、この深度よりも下層には1枚の厚い地下水流動層が存在していると解釈される。しかし、検層を行うときに50cm/minの降下速度でセンサーを下ろしていくので、掘削深度Gl-20mのボーリング孔の孔口から孔底までセンサーが到達するのに要する時間は40分となる。

　このボーリング孔の内径から推定すると、深度Gl-10mで3.3×10^{-3}cm/sec、深度Gl-20mの孔底で1.7×10^{-3}cm/secよりも速い速度を有する地下水が流れているとするならば、センサーがこれらの深度に到達する前に、温度変化させられた孔内水は流動地下水に置換されてしまうことになる。したがって、深度Gl-8m以深に上記よりも速い地下水が流れているとした場合、それに関する情報を得ることができず、見かけ上1枚の厚い流動層が存在していると解釈されてしまう。

　このように、センサーの降下速度と地下水の流速の大小によって、検出される地

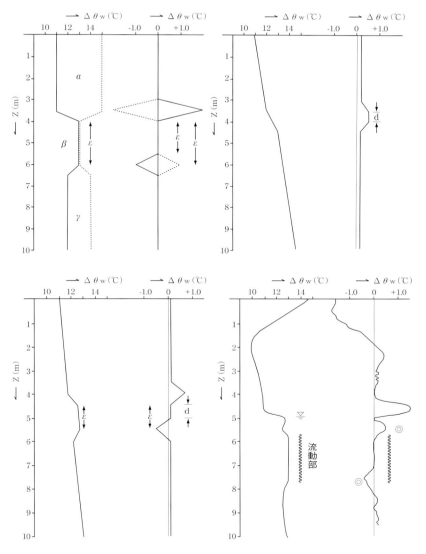

図3-4　示差温度検層器

下水流動層の数やその厚さに関する情報が制約されるということは好ましいことではない。そこで，この点を改善することを目的として，ボーリング孔内の温度を全深度ほぼ同時に測定することのできる計測器の開発を試みた。種々の議論と試行錯誤が重ねられた結果として，次節で述べる「多点温度検層」が開発された（竹内・上田，1989a,b, 1990, 1991, 1992）。

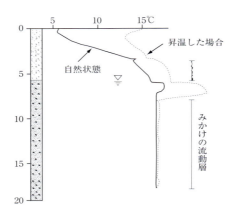

図3-5 孔内温度撹拌前後における検層例
　　　実線：自然状態における検層
　　　点線：昇温後の検層

3－2 多点温度検層の原理

　多点温度検層の原理は次のようなものである。
　自然状態にある孔内温度を温水あるいは冷水を注入することにより，全深度ほぼ均一に昇温または降温させる。このような状態で，もしそこに地下水流動層が存在するとすれば，昇温あるいは降温させられた温度は，地下水流動層から流入してきた地下水によって変化させられ，昇温または降温される前の温度に回復しようとする（図3-6）。また，そこに地下水流動層が存在しない場合には，温水・冷水によって撹拌された孔内温度は，熱伝導によって徐々に自然状態の温度に戻ることになる。この現象を利用して，地下水流動層の数とその存在深度およびその層厚，概略の流速に関する情報を得ようとするものが「多点温度検層」である。

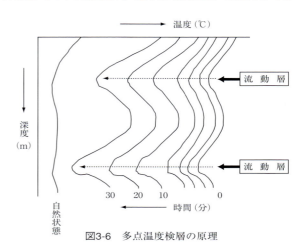

図3-6 多点温度検層の原理

3－3　多点温度検層の概要

ボーリング孔内の温度をほぼ同時に測定できる温度検層器を制作するために，次のような条件を設定した。

① センサーの外径は，種々の調査地で多用されている内径40～50mmのボーリング孔に昇温・降温用のホースとともに余裕を持って挿入できる程度のものとする。
② 温度測定間隔は10cmを基準とし，層厚の薄い地下水流動層をも検出できるようにする。これは薄い流動層を流れる地下水も地盤災害の防止，地下水汚染の予防などに関する有効な情報となるからである。
③ 1回の測定時間をできる限り短くし，10^{-1}cm/secの桁の流速を持つ地下水流動層も検出できるようにする。その理由は，これまで地すべり地で実施された地下水追跡調査結果によると，速い地下水は上記程度の流速を示していたので，最低限この程度の流速を有する地下水流動層も検出可能となるようにする必要がある。

上記の条件を満たすような測定器として，表3-1に示すような仕様の温度計が製作された。なお，表において測温体の取り付け間隔を50cmとしたのは，10cm間隔に測温体を設置した場合，センサーの外径が太くなり，①の条件を満たすことができなくなるからである。したがって，10cm間隔の測定値を得るために，後述するように，10cmずつ40cmまでセンサーを引き上げながら測定することにした。センサーの外装は，高温の温水に耐えられるように，シリコンゴムとした。

表3-1　多点温度検層器の仕様

センサー		計測部	
測　温	サーミスター	点　数	基本61点
点　数	61点（50cm間隔）	測定範囲	0-50℃
外径寸法	20φ	分解能	0.02℃
長　さ	30m	精　度	0.1℃
外　装	シリコンゴム	測定時間	8秒/61点
データ処理部		測定回数	5回
コンピュータ	計測プログラム	AD変換	12ビット
ソフトウェア	ソフトウェア	インターフェイス	RS232-c
	通信プログラム	電　源	AC100V

測定時間は61点（測定長30m，測温体設置箇所50cm間隔として61点）を8秒で測定することができるようにした。この測定時間間隔であれば，③の条件を満たすことができ，従来のものと比較すると大幅な改善となる。従来使用されていた温水注入による示差温度検層では，前節で述べたように，降下速度の制限があり，流速の速い地下水を検出することができなかった。詳細な流動層に関する情報を得ようとすると，降下速度を遅くしなくてはならない。すると作業性が悪くなるととも

に，深部に存在する可能性のある地下水流動層の検出が難しくなる。一方，降下速度を速くすると，詳細な情報を得ることが難しくなる。今回開発した多点温度検層器はこれらの欠点を改善するに十分なものとなった。

多点温度検層器によって測定されたデータは直ちにパソコンに取り込まれ，測定時間ごとに図示され，リアルタイムで地下水流動層の検討に供することができるようにした。

現在製作されている多点温度検層器の概要は，**図3-7**に示すように，センサー，測定器本体（インターフェイス），パソコン，発電機で構成されている（**写真3-1**）。

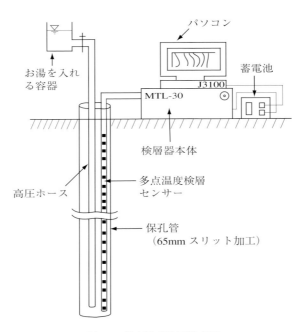

図3-7 多点温度検層構成図

センサーは同じ温度特性を持つ測温体（サーミスター，測定精度±0.1℃）を50cm間隔に取り付けたものである（図3-8）。このセンサーをボーリング孔内に挿入し，これを10cmごとに0cm，10cm，20cm，30cm，および40cmと持ち上げることにより，孔口から孔底までの温度を10cm間隔でほぼ同時に測定することができる。センサーの外径は内径40mmの保孔管に挿入しやすいように25mm以内に仕上げられている。現在，15m，30m，50m，100m，150mの各深度の測定に適したにセンサーが製作されている。

<第3章> 多点温度検層法

写真3-1
多点温度検層の現場写真

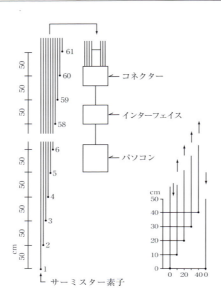

図3-8 多点温度検層センサーの構造

3-4 多点温度検層の実施方法

次に検層方法について述べる。
① ボーリング孔内にセンサーを挿入し、センサーが周囲の温度に馴染んだ段階で、自然状態の温度を10cm間隔で測定する。
② 次に温水または冷水をボーリング孔内に注入し、孔内温度を一様に昇温または降温させる。注入による温度変化は、リアルタイムでパソコンに表示されるので、その値を見ながら孔内温度の変化状況を把握する。
③ 孔内温度が一様に変化させられたと判断した段階で、温水・冷水の注入を中止するとともに、ホースを早急に孔内から引き出し、昇温・降温直後の全深度の温度を測定する（0分後）。
④ その後は1〜7分後までは1分間隔で強制的に測定が行われる。10分以後計測終了（通常は30分）までの結果は5分ごとにリアルタイムでパソコンのディスプレー上にグラフとして表示される。任意の時間で流動層の把握が確実にできるようであれば、その時点で測定を終了することもできる。

これによって、地下水が孔内に流入してくることによる温度の自然状態への回復の程度が詳細に測定され、地下水流動層の数とその存在深度、層厚、相対的な流速の大小を検討することができることになる。
　なお、ボーリング孔内の洗浄の程度が検層結果に大きな影響を与えることが明らかになっている。この点については、第5章で述べる。

3－5　孔内温度を変化させる方法

3－5－1　孔内温度を上げる方法

a）ロードヒーター：ヒーターによる加熱は，孔内水位が孔口付近にある場合，もしくは孔内に地下水が認められない場合には，孔内全体をほぼ同一温度に昇温することができる。しかし，次のような欠点があるので，あまり薦められない。ロードヒーターをボーリング孔内に挿入して昇温させた例を図3-9 に示す。この図を見てもわかるように，孔内水位以深の昇温の程度は，1KWHのヒーターでせいぜい1～2℃であった。一方，孔内水位以浅では，温度が上がり過ぎてしまい，ヒーターが焼けるおそれがあった。グラフに示されているように，孔内水位の前後で，温度差がありすぎて，孔内を均一に昇温させるという検層条件にそぐわない結果となっている。さらに大きな問題は，非常に重い発電機を山の上まで運ばなくてはならないという欠点もある。

b）カーバイド（炭化石灰）：紙製の小さな箱（2cm角）の中にカーバイドを入れて，水に容易に溶ける薄紙で蓋をする。これを必要深度まで50cmごとに吊してボーリング孔内に挿入して揺する。これによって地下水とカーバイドが反応して熱を発生する。この場合の孔内水位以浅あるいは以深の昇温の程度は，図3-10に示すように，孔内水位以深ではせいぜい1～2℃程度であり，孔内水位以浅では最高10℃程度であった。やはり水位以浅では高温となり，孔内水位以深との間に大きな温度差が生じてしまい，ロードヒーターの場合と同様に，全孔一様に昇温することは難しいことが示された。

c）温水：これまでいろいろな方法を試みたが，温水注入法が最も適しているようである。孔内水位存在深度および地下水流速にもよるが，深度Gl-10m程度であれば，60℃の温水40リットル程度で孔内温度を孔内水位以浅・以深を問わず15～20℃程度昇温することができる。また，深度Gl-20m程度であれば，同じく60リットル程度，深度Gl-30m程度であれば80リットル程度の温水があれば，15～20℃程度孔内温度を昇温させることができる。地下水流速が非常に速い場合は，なかなか一様に昇温することができず，多量の温水（200リットル程度）を必要とすることもある。

　温水を有効に使って，孔内温度をほぼ一様に昇温する方法の一つとして，次の方法がある。センサーを挿入した状態で，温水注入用のホースを孔底まで降ろす。送水ポンプで温水を注入しながら，パソコンのディスプレーで昇温程度をモニターする。自然状態の温度から15～20℃程度昇温した段階で，ゆっくりと一定速度で温水ホースを引き上げる。これによって，少量の温水で孔内水位以深ならびに以浅の孔内温度をほぼ一様に昇温することができる。
　ただ，検層深度が深い場合，あるいは流速が非常に速い流動層が存在する場合は，一様に昇温させることが難しくなり，それなりの経験を必要とする。図3-11に孔内昇温が良好な例と，図3-12にそれが不良な例を示した。

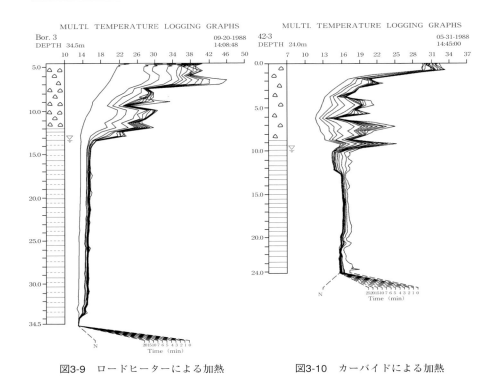

図3-9 ロードヒーターによる加熱

図3-10 カーバイドによる加熱

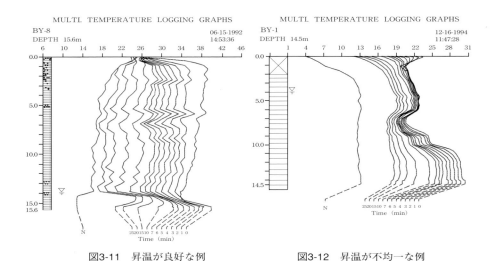

図3-11 昇温が良好な例

図3-12 昇温が不均一な例

温水注入による方法は，孔内に存在する空気と水をほぼ一様に任意の温度に昇温させることができるので，非常に優れた方法であるが，一つの欠点がある。それは，現地で温水を作るのに意外と時間がかかることである。通常はブロックの上に載せた半ドラ（ドラム缶を半分に切断したもの，写真3-2）の下にアスファルト溶解用バーナー（あるいは中華料理用のガスコンロ）を入れて温水を製造している。外気温や使用する水の温度にもよるが，80～100リットルの水は，1時間前後で60℃程度の温水になる。そこで，最初の検

写真3-2　現地における湯沸かし装置の一例

層を行うときには，ホテル・宿で100リットル程度の温水を頂いていくと，その間に現地で温水の準備もできるので，時間を有効に使用することができる。

3－5－2　孔内温度を下げる方法

a）ドライアイス：細かく砕いたドライアイスを孔内に投入し，撹拌して降温を試みたことがある。しかし，この方法では孔内水位付近の温度だけが降温するのみで，孔内全体を降温させることができなかった。

b）河川水：真冬（-15℃程度）に積雪で温水の準備ができなかったので，氷や雪塊が浮遊する河川水（2～3℃程度の水温）を孔内に注入したことがある。この方法は自然状態における孔内水温が10℃前後ある場合には有効で，孔内温度を5～6℃程度に降温できる。

c）氷水：夏季に大量の氷水を準備して，これを孔内に注入したことがある。しかし，これによる孔内温度の低下は1～2℃程度であった。特に夏季においては，氷水がホースの中を流れている間に温度が上昇してしまい，孔内温度を下げることがほとんどできなかった。その例を図3-13に示した。この孔では水温3℃程度の冷水を100リットル程度注入しているが，孔内下部で0.5℃程度降温しているのみであることがわかる。

d）圧縮空気：これを用いて孔内水と空気を撹拌し，降温を試みたこともあるが，その温度変化は微少なものであった。

以上述べたことから，孔内温度を変化させるには温度を下げるよりも上げる方が容易である。また，現時点で最も優れているのは温水を注入する方法である，といえそうである。

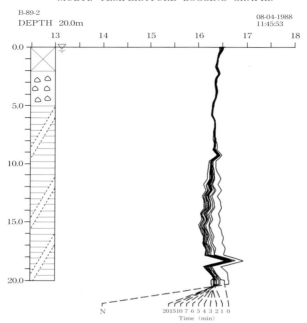

図3-13 氷水による降温

3-6 地下水流動層の検出方法

　多点温度検層の結果は，図3-14に示すように，「温度～深度曲線」として表現し，自然状態と昇温・降温直後との間に記録される「温度－深度曲線」の自然状態への復帰状況から，地下水流動層の数とその存在深度および層厚を解釈することになる。その際に，孔内温度の撹拌が一様になされず，上記の解釈が順調にできにくい場合がある。このような場合には，図3-15に示すように，変化させた温度が自然状態に戻る割合すなわち「温度復元率」の時系列的な変化を求め，「温度復元率－深度曲線」に表して，流動層の検出を行う。

　なお，温度復元率は次式によって求める。

$$温度復元率(\%) = \frac{(0分時の温度)-(任意の経過時間における温度)}{(0分時の温度)-(自然状態の温度)} \times 100$$

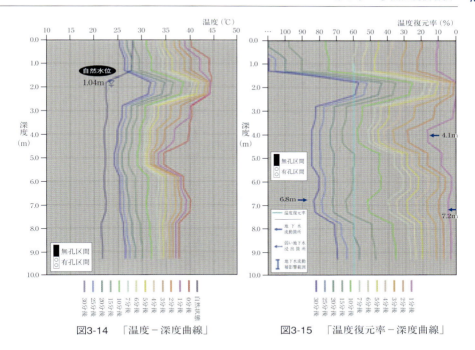

図3-14 「温度－深度曲線」　　　　図3-15 「温度復元率－深度曲線」

3－7　従来の検層法（温度検層・塩分稀釈による地下水検層）との対比

　地中の垂直方向に何層の流動層が存在するかに関する情報を得ることは，地下水が関与する諸問題を検討するために必要な事柄である。この情報を得る手法として，温度検層と塩分稀釈による地下水検層がある。
　ここでは，上記2つの方法と多点温度検層の結果とを対比した例について述べる。

3－7－1　温度検層との対比

　温度検層と多点温度検層による検層結果を対比して図3-16（a，b）に示した。これによると，温度検層の場合（図3-16a），自然状態でGl-8.3m付近に薄層の，またGl-14.5mに深に1.5m以上の厚さを有する流動層が認められる。孔内温度昇温後の検層結果を見ると，深度Gl-8.5mとGl-11.5mに薄層の，また非常に顕著な流れが深度Gl-12.5～-13.3mに認められる。また自然状態で認められた孔底付近の顕著な流れは，それほど顕著なものでないことが示されている。これに対して，多点温度検層の結果（図3-16b）を見ると，自然状態では，深度Gl-8.5mとGl-11.0m付近に薄層の，また深度Gl-12.2～-13.2mおよび深度Gl-14.5mに深に1m程度の層厚を有する流動層が検出された。孔内温度昇温後の結果を見ると，深度Gl-8.2～-8.8m，Gl-10.7～-11.2m，Gl-12.2～-12.8m，およびGl-14.7～-15.0mに流動層の存在が推定される。特に深度Gl-12.2～-12.8mの流動層は顕著なものであることが示されている。一方，温度検層で認められた時間と共に流動層の厚さが広がるという現象

（図3-16(a)の実線部）は，多点温度検層では認められていない。温度検層において，このような現象が認められる原因は，センサーの降下速度と地下水の流速の相互作用によって生じた見掛けの流動層の拡大によるものと想定される。

　この結果から，多点温度検層による流動層の検出は，従来の温度検層と比較して，地下水流動層の存在深度とその数について各段と精度の高い情報を与えてくれることがわかった。

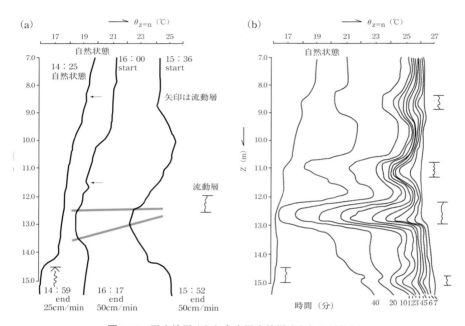

図3-16　温度検層(a)と多点温度検層(b)との対比例

3－7－2　塩分稀釈による地下水検層との対比

　地下水流動層を検出するために，従来から塩分稀釈による地下水検層が多用されている。この検層法は直接孔内水の流動状況を計測するものである。したがって，そこから得られる情報は貴重なものである。しかし，この検層法には大きな欠点がある。それは，地下水が存在しない孔内水位以浅の情報を得ることができないという点である。この点を補う方法として，段階式汲み上げ検層法（申：1988）が実施されているが，多くの時間と経費を要するために，完全実施はなかなか難しい状態にある。

　ここでは，地すべり地で実施された多点温度検層と塩分稀釈による地下水検層とを対比した例について述べる。

　両者の検層結果を図3-17（a，b）に示す。まず，地下水検層の結果（図3-17b）を見ると，孔内水位は深度Gl-7.5m付近に存在しており，深度Gl-10m付近を中心

<第3章> 多点温度検層法

として，急速に塩分濃度が稀釈されていく部分が認められている。それ以外では，計測時間120分の段階で深度Gl-16m付近に多少塩分が稀釈されていることが示されている。この結果から判断すると，地下水流動区間は深度Gl-8.5～-16.0mで，その主流は深度Gl-10m付近に存在していると解釈することができる。

一方，多点温度検層の結果（図3-17a）を見ると，孔内水位以浅では深度Gl-6.3m付近を中心として地下水浸出現象によると推定される温度復元率の非常に大きな部分が認められる。この他にも深度Gl-1.0mとGl-3.9m付近にも地下水浸出現象によると推定される温度復元率の大きなところが認められる。孔内水位以深では，深度Gl-9.0～-11.5mの区間に厚い流動層の存在によると推定される温度復元率の大きなところが認められる。この区間を詳細に見ると，深度Gl-9.5mとGl-11.2mを中心とした二枚の流動層によって構成されていることがわかる。また，深度Gl-13.0mには薄い流動層の存在が推定される。さらに，深度Gl-14.8mから流入して深度Gl-15.3mに逸水している流動層の存在が推定される。このように詳細な地下水の流動状況に関する情報は，塩分稀釈による地下水検層結果から読み取ることは難しい。

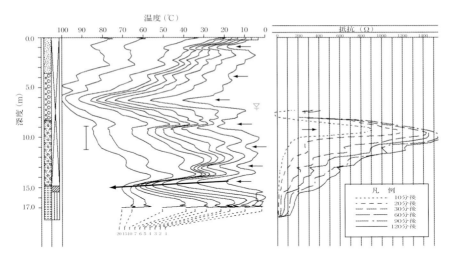

図3-17　多点温度検層(a)と地下水検層(b)との対比例

次に，孔内水位が深く，地下水の流下する音が聞こえるボーリング孔における両者の検層結果を図3-18に示す。地下水検層時における孔内水位は深度Gl-22.3m付近に存在していた。地下水検層結果（図3-18の右図）を見ると，孔内水位以深から深度Gl-23m付近までに顕著な地下水の流れが検出されており，有力な流動層の存在が示唆されている。一方，図3-18の左図に示した多点温度検層の結果を見ると，孔内水位以浅では矢印で示した数箇所で地下水浸出によると推定される温度復元率の大きなところが認められる。この中でも深度Gl-19m付近には多量の温

水注入にも関わらず，温度が上昇していないところが存在する。ここがボーリング孔内で地下水が流下する音が聞こえる原因となっている部分ではないかと判断した。この地下水の浸出によって多量の温水を注入したにも関わらず，温度が上昇しなかったものと推定される。孔内水位以深においても，顕著な流動層の存在を示すかのように，計測時間10分足らずで自然状態に戻ってしまっている。両者の検層結果を対比すると，孔内水位以深では両者ともに顕著な流動層の存在が示されている。しかし地下水検層では，孔内水位以浅の地下水浸出箇所に関する情報を得ることはできないが，多点温度検層では，その浸出箇所が明瞭に示されている。

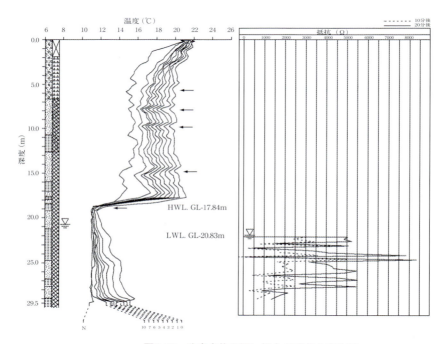

図3-18 孔内水位が深い場合の両者の対比例

3－8 「温度復元率－時間曲線」からおおよその流速を推定する方法

変化させられた孔内温度は地下水の流入あるいは熱伝導によって，自然状態に戻ろうとする。したがって，その戻り方は流入する地下水の流速に左右されることになる。

孔内に流入した地下水が既存の孔内水とほぼ一様に混合するものと仮定すると，「温度復元率－時間曲線」から地下水の浸透速度を推定することが可能となる。図3-19に内径50mmの孔内温度の復元状況を流入する地下水の浸透速度をパラメーターとして示した。この図はボーリング孔周辺を流れる地下水が流入した場合，孔内がほぼ一様に撹拌されるという仮定の下に計算されたものである。

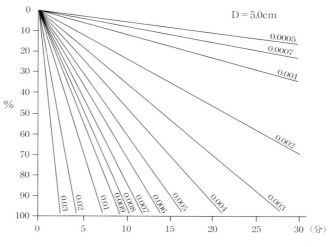

図3-19 浸透速度をパラメーターとした
「温度復元率－時間曲線」

　現地で得られた任意の深度における「温度復元率－時間曲線」とこのグラフとを比較することによって，概略の地下水の流動速度を推定することが可能である。ここで推定された流速はあくまでもボーリング孔内の値であり，周辺を流れる流速とは異なる。孔内流速とその周辺の地下水流速との関係は，佐野（1983）によって理論的に，実験的には籾井他（1989）によって検討がなされている。それによると，孔内流速を3分の1にしたものがそのボーリング孔周辺を流動している地下水の流速であることが明らかにされている。
　したがって，上掲のグラフから推定された流速の値を3分の1にしたものがボーリング孔周辺の地下水流速ということになる。

3－8－1　CCDカメラで測定した結果との対比例
　次に流動速度に関して，直接測定が可能な地下水流速計による測定結果と多点温度検層から推定された流速とを対比して，それの評価を行ってみる。
　評価方法は，始めに多点温度検層を実施し，図3-19に示した「温度復元率－時間曲線」から求めた流速の速い深度と遅い深度で地下水流速計による測定を行い，それぞれの流速を比較した。地下水流速計には各種のものが開発されているが，ここではCCDカメラを用いて，地下水中の微粒子の流れの軌跡から流向流速に関する情報を得る手法を採用した。
　比較対象とした地層・土層は細粒砂層，砂礫層，風化片岩であり，測定総数は17箇所である。2，3の測定結果を図3-20，図3-21に示した。

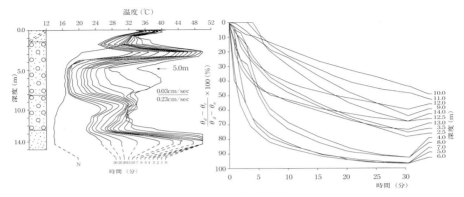

図3-20 砂礫層での流速推定例

(1) 風化片岩

(2) 細粒砂層

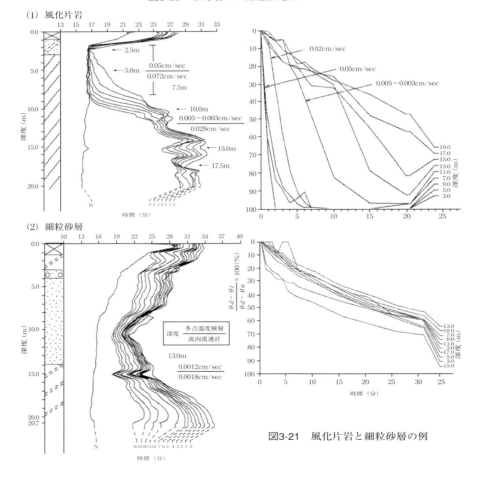

図3-21 風化片岩と細粒砂層の例

砂礫層で実施したものを図3-20に示した。多点温度検層の結果によると深度Gl-3.8〜-8.0mに明瞭な流動層が認められたので、深度Gl-5.0mにおける「温度復元率－時間曲線」を作成して、その流速を推定した。その結果、0.03cm/secの値が得られた。この値からボーリング孔周辺の流速は0.01cm/secと推定される。この深度に地下水流速計を設置して、その流速を測定したところ0.23cm/secと前者よりも約23倍も大きな値が得られた。

図3-21（1）に示した例は、風化片岩層で測定したものである。多点温度検層の結果によると、深度Gl-1.7〜-8.9mの間に測定開始後6分経過した段階で自然状態の温度に戻っているところが存在している。特に深度Gl-2.5m付近に最も速いところが認められるようである。また、深度Gl-15.0m付近に亀裂性の流動層が検出されている。「温度復元率－時間曲線」から流速を求めると、深度Gl-1.7〜-8.9mでは0.05cm/secの流速（孔内周辺流速は0.017cm/sec）が推定された。その他の深度では0.003〜0.005cm/secの流速（同じく0.001〜0.0017cm/sec）が推定された。これに対して、地下水流速計で求めた流速は、深度Gl-5.0mで0.072cm/sec、Gl-7.5mで0.060cm/secとなり、深度Gl-10.0mで0.029cm/secとなっていて、かなり大きな値が得られている。

図3-21（2）に示した例は、細粒砂層で測定したものである。多点温度検層の結果を見ると、計測時間30分経過した後においても、自然状態との温度差は大きく、流速の速い地下水が存在している可能性は低いことが示された。「温度復元率－時間曲線」から流速を推定すると、孔内周辺流速に換算して0.0012cm/secの値が得られた。これに対し、地下水流速計による測定結果では0.0012〜0.0018cm/secであり、両者の測定結果はほぼ一致していた。

これまでに測定された多点温度検層結果から推定された流速と地下水流速計から求められた流速との関係を示したものが図3-22である。

図によると、多点温度検層から推定された流速の方が地下水流速計で測定された値よりもおおむね1/2〜1/10程度小さくなっているようである。また、流速の差は流速が小さいほど小さく、大きいほど大きくなる傾向が認められるようである。

この結果から推察すると、概略的な流速を把握したいという観点からすれば、多点温度検層から推定した流速も参考値として使用可能であると考える。

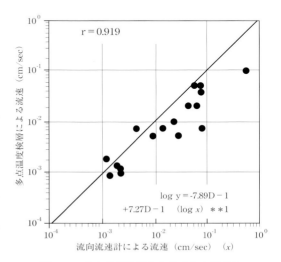

図3-22 多点温度検層から推定した流速と流向流速計から推定した流速の対比

3－8－2　多点温度検層から深度方向に連続的に流速を推定した例

　多点温度検層を行い，任意の深度において「温度復元率－時間曲線」を作成し，標準曲線と対比することにより，任意深度における流速を推定することができることは先述した。ここでは孔内水位以深から孔底まで50cm間隔に流速を推定した例について述べる。

　図3-23に示したような作業を孔内水位から孔底まで50cm間隔に行った結果を図3-24に示す。流速推定を行ったボーリング孔の地質は砂礫層である。地質的には同じような砂礫層であっても，その流速には大きな相違があることが理解できると思う。つまり，同じような地質状況であっても，その流速は一様ではなく，かなり大きな差が存在していることを示唆している。

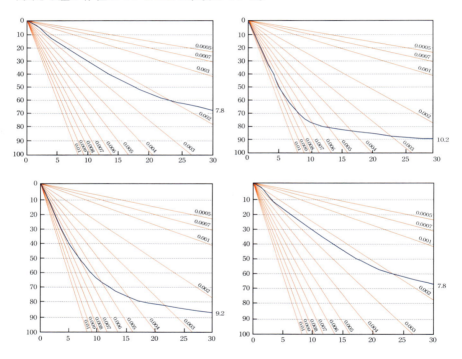

図3-23　標準曲線と任意深度の「温度復元率－時間曲線」との対比例
（いずれの図も縦軸：温度復元率(%)，横軸：時間(分)）

　次に，シルト混じり砂層のボーリング孔で，孔内水位以深20cm間隔で流速を測定した結果を図3-25に示す。この結果を見ると，やはり地質的に見てほぼ同様な地層と思われる状態においても，そこを流れる地下水の流速には大きな差のあることが示されている。シルト・砂層が薄層で交互に堆積している軟弱な地層でボーリング掘削を行うと，採取されたコアーは両者が混ざり合った状態となっていることが多い。この結果，コアーではシルト混じり砂層と判断されても実際にはシルトと

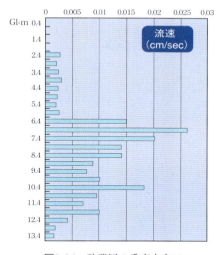
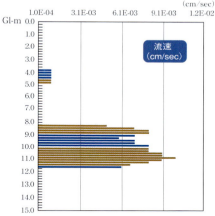

図3-24 砂礫層の垂直方向50cm間隔における流速分布

図3-25 シルト・砂層互層における垂直方向20cm間隔での流速分布

砂層の薄層の互層で，そこで計測された流速は，それぞれの地層にあった流速を示しているものと推察される。ここに示した事例は，この微妙な流速の差を表現しているのかもしれない。

3－9 条件を変えた検層

3－9－1 揚水しながらの検層1

　浅いすべり面を持つ地すべり地に掘削されたボーリング孔において，最終深度掘削段階で，孔内水位が孔口付近まで上昇したボーリング孔での検層例について述べる。このようなボーリング孔では，弱い地下水流動層が水圧によって抑制されてしまい，流動層として検出されないことがあるので，揚水を行いつつ検層を実施してみた。
　揚水前の検層結果と揚水継続中の検層結果を「温度復元率－深度曲線」として図3-26（a，b）に示した。揚水前の検層結果を見ると（図3-26（a）），孔口付近と深度Gl-3.8m付近および孔底付近に多少温度復元率の大きなところが認められる。次に，揚水用ホースを深度Gl-1.5mまで挿入し，サイホンによって水位低下を行いつつ再度検層を行った。その結果，図3-26（b）に示すように，深度Gl-3.5m付近に検層時間5分で温度復元率が100％となるような明瞭な地下水流動層が検出された。この流動層は深度Gl-4m付近に存在するすべり面に直接関与していると判断されたので，この流動層の地下水を排除する工事が施工され，地すべり活動は停止した。
　なお，自然状態における塩分稀釈法による地下水検層結果と揚水中の多点温度検層結果とを対比して図3-27（a，b）に示した。これを見ると，多点温度検層で検出された地下水流動層は地下水検層では全く検出されていないことが示されている。

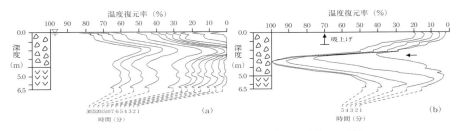

図3-26 揚水前(a)と揚水中(b)の多点温度検層の対比

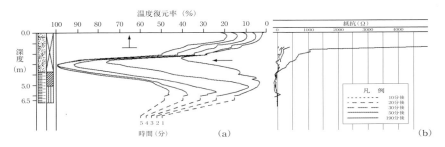

図3-27 揚水中の多点温度検層(a)と地下水検層結果(b)との対比

3−9−2 揚水しながらの検層2

次に，谷床堆積物の下位に亀裂の多少認められる流紋岩が分布している場所における検層例について述べる。検層場所は谷床堆積物が層厚3m程度堆積しており，その下位に亀裂に富んだ流紋岩が分布している。検層対象となったボーリング孔は口径が200mmと大きく，温度撹拌がうまく行えなかったので，同一ボーリング孔で3回にわたり検層を行った。それらの結果を図3-28 (a-c) に示す。このボーリング孔の孔内水位はほぼ地表面近くに存在していたので，3回目の検層は揚水しながら実施した。これらの結果を見ると，1回の検層結果では温度撹拌の不備による温度低下であるか，流動層の存在による温度低下であるかの判断がつきにくい場合でも，2，3回検層を繰り返し，それらを対比することによって，その判断が容易に下せるようである。この例では，谷床堆積物の中に1つ，堆積物と流紋岩との境界付近に1つ，流紋岩の中の亀裂の多い部分に2つの比較的薄い流動層の存在が認められる。揚水中の検層結果を見ると（図3-28 (c)），前者に加えて，A，B2箇所に新たな流動層が検出されている。これらの流動層は平常時にはほとんどその存在が認められないが，雨水浸透時あるいは他の原因で地下水の供給量が増加した場合には流動層としてその存在を発揮することがわかった。

上記2例に示したように，孔内水位が浅いところにある場合は，その水圧によって既存の流動層の地下水の流れが抑制されている可能性がある（図3-29）。したがって，このような場合には揚水を行い，その抑制圧を排除して検層を行うことを薦める。これにより，弱い地下水の流れを検出することができる可能性がある。

<第3章> 多点温度検層法

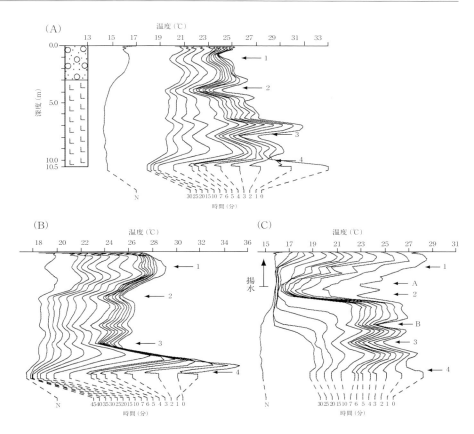

図3-28 揚水前の2回の多点温度検層結果(A, B)と揚水中の多点温度検層結果(C)

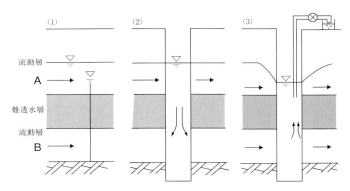

図3-29 揚水により弱い流動層の検出が可能

3-9-3 使用中のポンプを停止して検層する方法

琉球石灰岩は地質的に非常に新しいものであり，その透水性は良好であることが知られている。ここでは，水資源用井戸における汚染深度を調査する目的で実施された例について述べる。

この水資源用井戸の側近に水資源用井戸と同じ深度の検層用ボーリング孔を掘削し，そこで採水された地下水の水質分析を行ったところ，水資源用井戸と同様に汚染物質が検出された。このボーリング孔を利用して，水資源用井戸揚水時に多点温度検層を実施した結果を図3-30（a）に示した。この結果を見ると，全深度にわたって非常に速い地下水流動層が検出されている。この検層結果から判断すると，ボーリング孔の全深度が汚染されていることになり，その除染はかなり困難なものとなることが予測された。

そこで，水資源用井戸の揚水を一時停止した状態で，再度検層を実施することとした。その結果を図3-30（b）に示した。この図を見ると，揚水停止時には深度Gl-5.8mとGl-7.8m付近に流動層が検出された。これらの深度で地下水を採水し，その水質分析を行ったところ，深度Gl-5.8m付近に認められた流動層からは濃度の濃い汚染物質が検出された。一方，深度Gl-7.8m付近の流動層からは汚染物質は検出されなかった。

この結果から，水資源用井戸で検出された汚染物質は，深度Gl-5.8m付近に存在する地下水流動層から供給されたものであることが明らかにされた。そこで，全

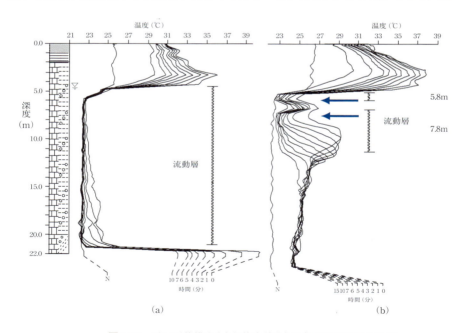

図3-30　ポンプ稼働中(a)と停止後(b)の多点温度検層の対比

<第3章> 多点温度検層法　*55*

深度を対象として除染作業を行う必要はなく，深度Gl-5.8m付近の地下水流動層を対象とした除染作業が実施されることとなった。

3-9-1 ～ 3-9-3に示したように，条件をいろいろ変えて検層を行うことにより，地下水の存在状態についての新たな情報を得ることができることが示された。そこで，検層を行う場合には，多少の時間を作り，できるかぎり条件を変えた状態で実施することを薦める。

3－9－4　ケーシング孔ならびに孔内傾斜計設置孔を利用した地下水流動層検出の試み

通常，地下水位観測孔を設置するに当たっては，調査用ボーリング孔を利用して地下水流動層検層を行い，その結果に基づいて，水位観測孔の掘削深度が決められることになる。したがって，水位観測孔を掘るまでの間，ボーリング掘削は中断され待機させることになる。この時間的な無駄をなくすために，ケーシングを挿入した状態で地下水流動層検層を実施することができないか，ということになった。

ケーシングを挿入すると，地下水はボーリング孔に直接流入することができない状態となる。しかし，ボーリング孔周辺には，従来通り地下水は流れている。したがって，その流れる地下水によって，ケーシングそのものの温度が変化させられる可能性がある。

この点を検討するために，地すべり地で孔壁崩壊を防ぐためにケーシングを挿入しつつ掘削をしたボーリング孔を利用して，多点温度検層を実施した（渡邊他：2001）。

また，孔内傾斜計設置孔の孔内を利用して，地下水流動層を検出することが可能であるか否かについて検討するために，孔内傾斜計の周囲をモルタルで充填した孔を利用して，多点温度検層を実施してみた（円藤他：2001）。

1）ケーシング孔内を利用した多点温度検層実施による地下水流動層検出の可能性

外径86mmのケーシングが挿入されている状態で多点温度検層を実施し，その結果をケーシング抜管後地下水観測孔仕上げされた孔を利用して実施された多点温度検層の結果と対比して，その可能性を検討した。

〔ケーシング挿入時における検層例－ 1〕

外形86mmのケーシングを深度30.0mまで挿入した状態で検層を行った例を図3-31aに示す。左図に示したものはケーシング孔内での実施結果，右図に示したものは観測孔仕上げした後の実施結果である。両者ともに，孔内水位は深度Gl-21m付近に認められる。両者を対比すると，孔内水位以浅に地下水流動層の存在による温度低下は，両者ともに深度Gl-12 ～ 20m前後に認められる。この結果から，ケーシング孔内で多点温度検層を実施しても，地下水流動層に関する情報は十分に検出可能であることが示された。

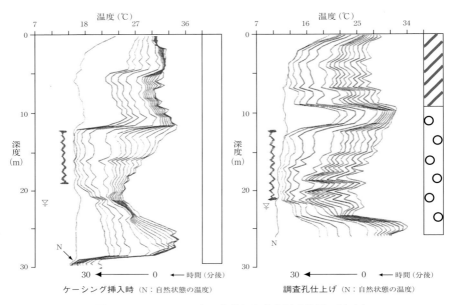

図3-31a　ケーシング中で実施した多点温度検層の例（1）

〔ケーシング挿入時における検層例－2〕
　外形86mmのケーシングを深度20.0mまで挿入した状態で検層を行った例を図3-31bに示す。左図に示したものはケーシング孔内での実施結果，右図に示したものは観測孔仕上げした後の実施結果である。両者ともに，孔内水位は深度Gl-10m付近に認められる。両者を対比すると，地下水流動層の存在による温度低下は両者ともに，深度Gl-10m以深に認められている。温度低下状況を詳細に見ると，両者ともに計測時間が経過するにしたがって，温度の低下現象の変化が下方に移行していることが示されている。このことは深度Gl-12～13m付近を流動している地下水が深部方向に降下していることを示している。

　これらの結果を見ると，ケーシング孔内で多点温度検層を実施した場合においても，地下水流動層の検出ならびに地下水の流動状況に関する情報を得ることは十分に可能であることが示された。

2）孔内傾斜計設置孔を利用した多点温度検層による地下水流動層検出の可能性
　孔内傾斜計のアルミガイドパイプは外径50.25mm，内径46.15mmで，孔壁とガイドパイプの間隙はCBモルタルで充填されている。一方，対比のために設置された地下水観測孔は，孔内傾斜計の側近に設置されている。観測孔はVP50の塩ビ管が使用されており，開口率は1％程度である。孔壁と塩ビ管との間隙は径5mm程度の砂礫で充填されている。

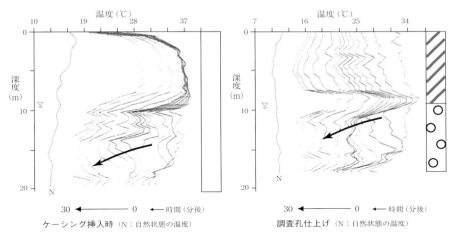

図3-31b　ケーシング中で実施した多点温度検層の例（2）

〔孔内傾斜計設置孔による検層例－1〕

　設置深度16mの孔内傾斜計設置孔での多点温度検層実施結果を図3-32aの左図に，地下水観測孔における実施結果を図3-32aの右図に示した。
　この結果を見ると，孔内傾斜計設置孔では6層の地下水流動層が検出されている。このうち4層が地下水観測孔で検出された流動層と同じであると推定された。地下水観測孔において，温度復元率が100%近い地下水流動層が2層認められているが，Gl-8.2m付近で検出された流動層は，孔内傾斜計設置孔では検出されていない。

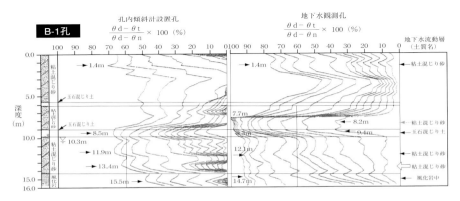

図3-32a　孔内傾斜計設置孔での多点温度検層実施例－1

〔孔内傾斜計設置孔での検層例－2〕

設置深度14mの孔内傾斜計設置孔での多点温度検層実施結果を図3-32bの左図に，地下水観測孔における実施結果を図3-32bの右図に示した。

この結果を見ると，孔内傾斜計設置孔では4層の地下水流動層が検出されている。このうち2層が地下水観測孔で検出された流動層と同じであると推定された。この中で，深度Gl-11m付近の地下水流動層は，地下水観測孔の温度復元率が100％を示す非常に速い流動層があり，孔内傾斜計設置孔においては温度復元率が50％程度である。一方，孔内傾斜計設置孔において，シルト層中に検出されている流動層は，地下水観測孔ではほとんど検出されていない。

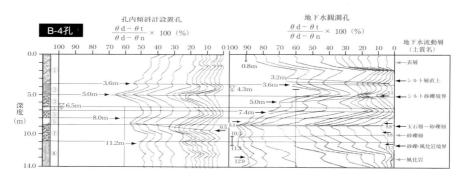

図3-32b　孔内傾斜計設置孔での多点温度検層実施例－2
(①：粘土混じり砂(0-3.8m)，②：砂混じりシルト(3.8-5.2m)，③：粘土混じり砂礫(5.2-6.8m)，④：玉石混じり土(6.8-7.2m)，⑤：砂礫(7.2-8.2m)，⑥：玉石混じり土(8.2-8.8m)，⑦：粘土混じり砂礫(8.8-10.9m)，⑧：風化岩(10.9-14.2m))

孔内傾斜計設置孔を利用して多点温度検層を実施した場合，次のことが言えそうである。
・孔内傾斜計設置孔においても地下水流動層の検出は可能である。
・孔内傾斜計設置孔における温度復元率が，地下水観測孔での結果と比較すると，10～30％低くなる。
・孔内傾斜計設置孔で多点温度検層を実施した場合，孔内水位以深では温度復元率は50％以上を示すところが地下水流動層の判断基準となる。地下水観測孔での孔内水位以深の温度復元率は60％が判断基準となっている。
・孔内傾斜計設置孔で実施した多点温度検層では，地下水の流動状況（相対的流速，被圧・不圧状況など）についての情報を捉えることは難しい。

第4章
多点温度検層結果の解釈の仕方

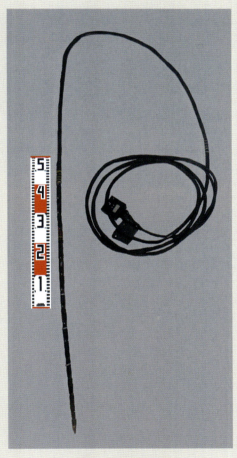

多点温度検層結果解釈のために行った
実験で使用した多点温度検層センサー

4-1 4つのパターン

これまでに蓄積された多点温度検層の結果を整理したところ，4つのパターンになることがわかった（渡邊：1999）。つまり，薄層流，厚層流，上昇流，下降流の4種類である（図4-1）。

以下，渡邉（1999）によって行われたパターン分類とそれが水理地質的にいかなる条件の下で生じる可能性があるのかを実験的に検討した結果について述べる。

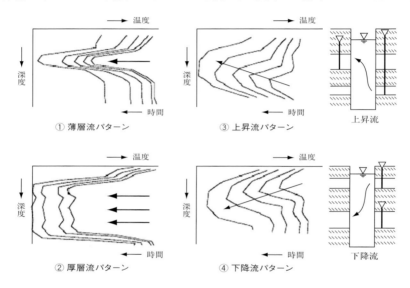

図4-1 4つのパターンに分類された多点温度検層の結果

1. 薄層流パターン：温度復元の幅が非常に薄いパターン。主に岩盤など亀裂部に認められる。時には崩積土層などの地層中にも検出されることがある（図4-1①）。
2. 厚層流パターン：ある厚さをもって層状に温度復元が進むパターン。砂礫層などマトリクスの少ない粗な地層で検出される場合が多い（図4-1②）。
3. 上昇流パターン：検層直後の温度変化の速い箇所が時間を経るにしたがって，上方に転移していくパターン（図4-1③）。
4. 下降流パターン：検層直後の温度復元の速い箇所が前者とは逆に時間を経るにしたがって，下方に転移していくパターン（図4-1④）。

上記4つのパターンの実測例を次に挙げる。

薄層流の例（図4-2）：深度Gl-38とGl-40m付近に，それぞれ厚さの薄い流動層が認められる。

厚層流の例（図4-3）：深度Gl-28～Gl-37mにかけて層厚9m程度の厚さを有する流動層が検出されている。また，このボーリング孔では，深度Gl-37m付近の地下

水が，深度Gl-42.5m付近に降下している様子が示されている。

　上昇流の例（図4-4）：深度Gl-19m付近に存在する流動層を流れる地下水が，時間経過とともに深度Gl-15m付近まで上昇しているのが認められる。また，このボーリング孔にはGl-18m以深に層厚の厚い流動層が認められる。

　下降流の例（図4-5）：深度Gl-12m付近に存在する流動層を流れる地下水が深度Gl-16m付近まで降下している現象が認められる。また，このボーリング孔には深度Gl-2.0～-4.0mに2m程度の層厚を有する流動層も検出されている。

図4-2　薄層流

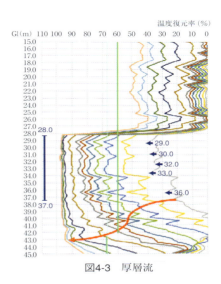

図4-3　厚層流

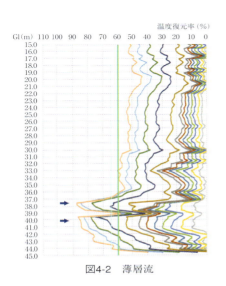

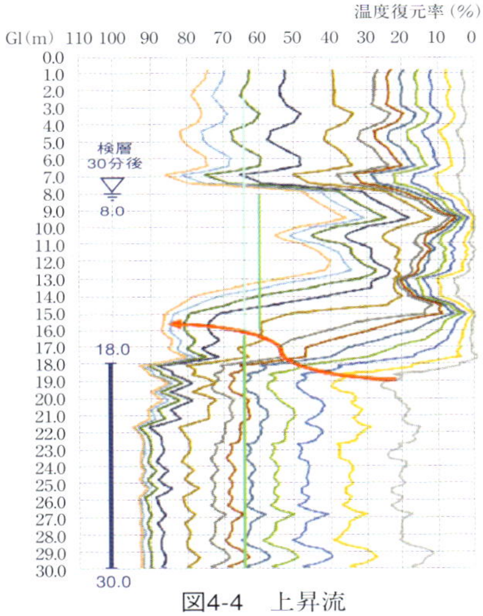

図4-4　上昇流

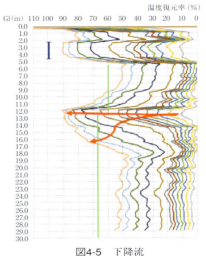

図4-5　下降流

4-2 実験

上に示した4つに分類されたパターンが，地下水のどのような流動状況を反映しているのかについて検討するために，基礎的実験も含めて，次のような各種の実験を行った。

4-2-1 実験装置
A) バケツを用いた予備的実験装置

最も基本的なこととして，①ボーリング孔の孔口に蓋をした場合とそれをしなかった場合の検層結果への影響を調べる。②多点温度検層を実施する場合，孔内でセンサーを上下しながら検層を行うが，そのセンサーの上下運動が検層結果にどのような影響を及ぼすかを検討する。これらのために，次のような実験を行った。

この基本的な実験に用いたものは，高さ47cm，上口径40cmの大きなポリバケツ（**写真4-1**，**図4-6**）である。その中心部に外径50mmの無孔の塩ビ管を垂直に立て，その周囲に砂を充填するとともに，水を満杯に入れて実験を行った。この2つの実験は水を全く流動させない状況の下で行われた。

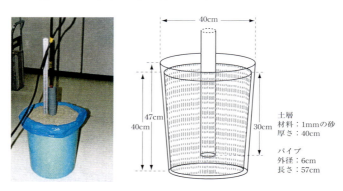

写真4-1 実験に用いたバケツ　　図4-6 バケツ実験の模式図

B) 小型水槽実験装置

複数の透水層を設けた場合，それぞれの透水層の水がどのような挙動を示すのかを検討するために，アクリル製の小型水槽を製作した。今回用いた小型の実験装置を**写真4-2**と**図4-7**に示した。この装置は上層透水層と下層透水層との間に難透水層に相当する遮水された空間部が設けられている。また，上層と下層にはそれぞれ独立したタンクが設けられている。上流側と下流側のタンクとの間に水位差を与え，水が流れるようにして，各種の地下水流動状況を再現することができる。水槽の中央部には外径45mmのストレーナー付きの塩ビパイプを挿入し，この中あるいは上流側のタンクに色付きの水を注入して，目視で水の流れを観察できるようにした。

C) 中型水槽実験装置

パターン化された多点温度検層の結果がどのような地下水の流動状況の下に生じ

ているのかを検討するために，写真4-3と図4-8に示したような中型の実験水槽を製作した。水槽の大きさは，幅60cm，高さ60cm，長さ150cmである。この水槽においても，上層と下層にそれぞれ独立したタンクが設けられており，上層・下層それぞれに水を供給できるように水槽との境界部に多数の孔が空けられている鋼板が設けられている。それぞれのタンクの水位を調整することにより，各種の地下水の流動状況を再現することができる。水槽の中央部には外径30mmのストレーナー付きの塩ビパイプを挿入し，実験の際にはこの中に温水を注入する。

写真4-2　小型実験水槽

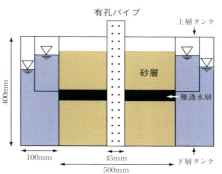

図4-7　小型実験水槽の模式図

写真4-3　中型実験水層

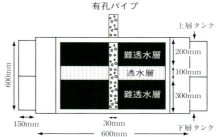

図4-8　中型実験水層の模式図
（厚さ10cmの透水層）

4－2－2　実験方法

A）多点温度検層実施法

今回の実験で使用した温度センサーは次のようなものである。現地で実際に使用されている多点温度検層用センサーは，50cmごとに測温体が取り付けられている。今回の実験に用いた水槽の高さは60cmであるので，このセンサーをそのまま用いることはできない。そこで，実際のセンサーを10分1に縮小した。つまり5cmごとにサーミスター測温体16個を装着したものを新たに作成し，実験に使用した。製作されたセンサーの外径は1.5cmである。

測定手順は，まずパイプ内にセンサーを挿入して，自然状態の温度を測定する。次にパイプ内に細いチューブを挿入して，温水を注入する。この間パイプ内の温度変化状況は，温度測定装置を経由して，パソコンにリアルタイムで表示される。孔内が一定温度になったのを確認して，温水の注入を中止し，直ちに測定に入る。測定結果は温水注入直後の0分から7分までは1分間隔で，それ以後は10分から30分まで5分間隔で測定される。その結果は，温度測定器を経由してパソコンに自動的に収集されるとともに，温度変化状況はディスプレーに表示される。

B）バケツを用いた基礎的な実験方法

　i）孔口に蓋をした場合としない場合の実験

　　　始めにバケツの中央部に設けられた無孔管の中にセンサーを挿入し，孔口に蓋をして実験を行った。次に蓋を取って再度同じ実験を行い，両者の検層結果を比較した。

　ii）孔内でセンサーを上下させたときの影響実験

　　　孔内でセンサーを上下させたときの温度変化への影響を知るために，パイプ内のセンサーを1cmごとに上下させて検層を行った。次にパイプ内のセンサーを不動にして再度検層を行い，両者の結果を比較した。

C）小型実験水槽を用いた水流のみによる実験方法

　最も初期的な実験として，小型実験水槽内に水だけを充填し，上層タンクあるいは下層タンクの水位・水頭を変化させ，被圧状態・不圧状態を設定した。その際に水の流動状況を目視できるように，インクを薄めた溶液をパイプ孔内あるいは上流側タンクに注入して水の動きを観察した。

D）中型実験水槽を用いた実験方法

　1つの透水層がある場合で，透水層の厚さおよび水の流量の多少によって，どのような形で透水層内の温度が変化するのかを知るために，一層の透水層を設定して実験を行った。

　水槽内の土層構成は，底部から高さ30cmまでは，難透水層として粘性土を敷き詰め，その上に粒径1mmの砂を透水層として敷き詰めた。さらにその上は下部と同様に不透水層として粘性土を敷き詰めた（写真4-3，図4-8）。

　実験中はいずれの場合も孔内水位を土層表面に一定に保つようにして，孔内水位以深の温度の復元状況を捉えるように努力した。

　次に，水圧の掛け方について述べる。透水層が一層の場合も二層の場合も同じ方法で行ったので，まとめて述べることにする。水圧の掛け方は図4-9に示したように，上流側には越流パイプを取り付けたタンクを設置し，そこに水道水を流し込む。そのタンクの側方下部に流量調節用のバルブを付けたホースを取り付け，そのホースから下層タンクおよび上層タンクにそれぞれ決められた流量の水を供給した。この場合，水道から供給された余剰水は越流パイプを経由して常時排水されている。一方，下流側には上層タンクと下層タンクにそれぞれ水位制御用のホースを取り付け，そのホースの排水口を上下して，両タンクの水位を一定に保つようにした。このようにして，上流側と下流側との間に任意の水位差を与えて，水が流れるようにした。

透水層が一層の場合は，その層厚を1cm，10cm，15cmの3タイプに設定した。実験中の流量は，0.0，0.5，1.0，1.5，および2.0リットル／分とし，一定流量を保ち，透水層の厚さごとにこれらの流量で実験を行った。

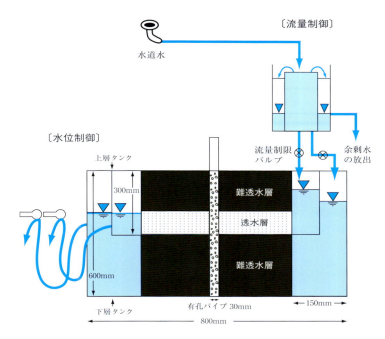

図4-9　流量・水位の制御法

 透水層が二層の場合は，前者と同様に透水層は1mmの粒径を持つ砂で作成し，難透水層は粘性土で作成した（図4-10）。透水層の層厚は上層5cm，下層15cmとした。実験に際しては，孔内の水位は土層表面に一定に保つようにした。なお，上層透水層と下層透水層の間の難透水層の層厚は15cmである。

 実験は次の二つの条件の下で行った。
 A）上層タンクと下層タンクの水位を同一とした状態
　　上流側の上層タンクと下層タンクから上層と下層の透水層にそれぞれ0.5リットル／分の水を流し，下流側の上層と下層のタンクに同流量の水を流出させた。
 B）下層タンクの水位を上層タンクの水位よりも上げた状態
　　上流側の上層タンクには0.1リットル／分，下層タンクからは被圧水として0.4リットル／分の水をそれぞれ流した。同様に上層タンクに0.3リットル／分，下層タンクに1.2リットル／分の水を流した場合についての実験も行った。

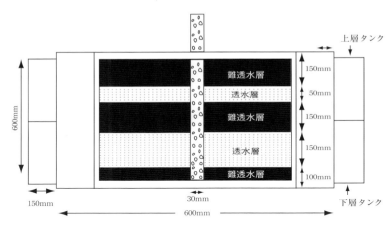

図4-10　中型実験水槽の模式図（透水層二層の場合）

4－2－3　実験結果

A）バケツおよび小型実験水槽，中型実験水槽を用いた予備的実験結果

 i ）蓋の有無による実験結果の相違（バケツ用実験）

　　ボーリング孔の孔口に蓋をして検層を行った結果と蓋をしないで行った検層結果とを対比して図4-11に示した。この図を見ると，孔口における蓋の有無による温度変化は，孔内水位以深では殆どその差が認められない。また，透水層を一層設けた中型実験水槽においても同様な実験を行ったが，同様の結果が得られた。これらの結果から，以後の実験の際は，孔口に蓋をしなかった。

ii ）センサーの上下による実験結果への影響（バケツ・中型実験水槽実験）

　　パイプ孔内でセンサーを上下した場合と全く動かさない場合では，どの程度検層結果に違いが認められるかを検討するために，両者の状況における実験をバケツと中型実験水槽で行った。バケツで行った実験結果を図4-12，中型実験水槽を用いて行った実験結果を図4-13にそれぞれ示した。これらの図を見ると，センサーの上下による温度変化への影響は，孔口付近で多少認められるが，それ以深では殆ど認められなかった。

iii）水のみによる実験結果（小型実験水槽実験）

　　最も初歩的な実験として，小型実験水槽内に水のみを充填し，上層および下層のタンク内の水位・水頭を変え，同圧状態，被圧状態，負圧状態を設定して実験を行った。その際に，水の流動状況を目視しやすいように，インクを薄めた溶液を用いた。

　　a）同圧状態におけるパイプ内の水の動き

　　　上層タンクと下層タンクの水位を同一にした状態で，パイプ孔内にインクを投入したところ，パイプ周辺にインクの拡散が認められたが，上下方向の動きは殆ど認められなかった。

<第4章> 多点温度検層結果の解釈の仕方

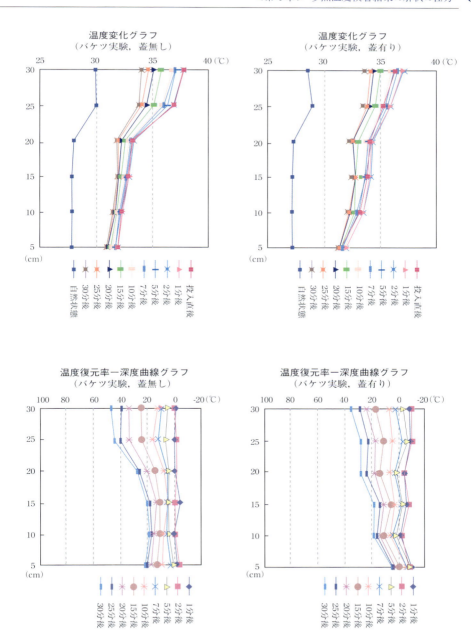

図4-11 バケツ実験(蓋あり/蓋無し)

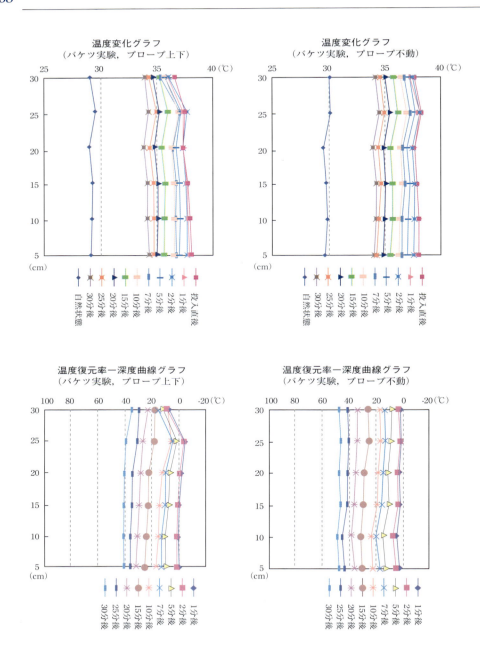

図4-12　バケツ実験結果（プローブ上下/不動）

<第4章> 多点温度検層結果の解釈の仕方

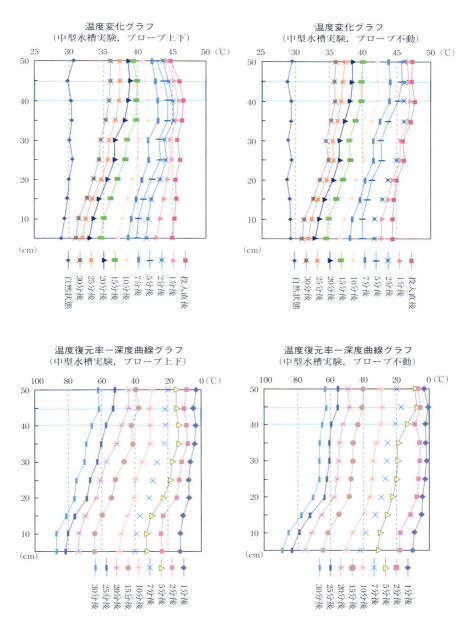

図4-13 中型水槽実験結果（プローブ上下/不動）　　　水槽内の透水層の位置

b）被圧状態におけるパイプ内の水の動き

　下層タンクの水位を上層タンクの水位よりも上げ，上昇流を想定した実験結果を写真4-4に示した。この写真を見ると，下層タンクに注入したインクが下層透水層に流入し，パイプを経由して上層透水層にキノコ状に拡散している状態が示されている（上流側の下層タンクの水位は上層タンクの水位よりも1.5cm高い）。

c）負圧状態におけるパイプ内の水の動き

　下層タンクの水位を上層タンクの水位よりも下げ，下降流を想定した実験結果を写真4-5に示した。この写真を見ると，パイプ内に投入したインクが下層透水層に流下している状況が示されている（上層タンクの水位は下層タンクの水位よりも14cm高い）。この場合は，上層透水層内に水は存在しているが，その水はパイプ内を経由して下層透水層に移行してしまい，パイプ内の水位は上層透水層のそれよりも低くなっていることが示された。

写真4-4　上昇流の再現実験結果　　　　写真4-5　下降流の再現実験結果

B）中型実験水槽を用いた実験

ⅰ）透水層一層の実験結果

　透水層が一層の場合で，透水層の層厚を1cm，10cm，および15cmと変えたときの各流量における実験結果を図4-14，図4-15，図4-16にそれぞれ示した。

　実験結果から透水層が存在している位置，つまり水の流れがある部分での温度の復元が他の所よりも早く，流速が速くなるにしたがって，より短時間のうちに温度が自然状態に回復していく状況が示されている。

　また，透水層の厚さが増すと，それだけ温度復元の幅も広がることが示されている。

<第4章> 多点温度検層結果の解釈の仕方

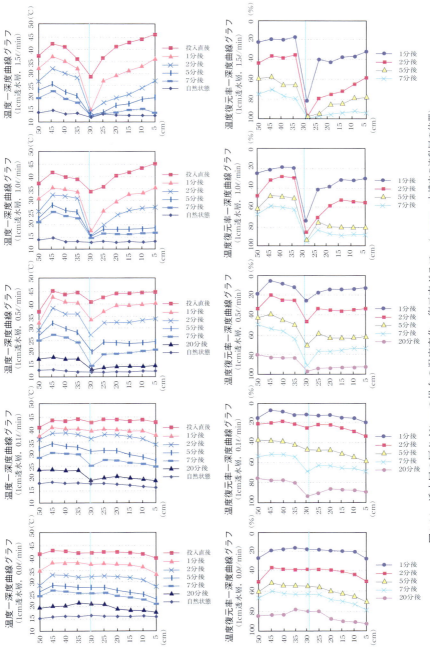

図4-14 透水層の厚さが1cmの場合の温度変化・復元率グラフ （―― 水槽内の流動層の位置）

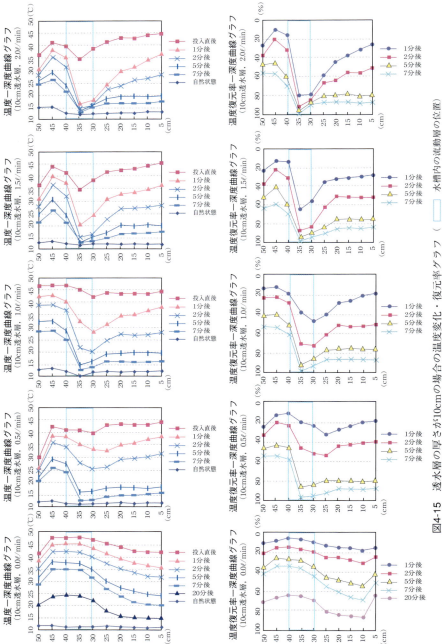

図4-15 透水層の厚さが10cmの場合の温度変化・復元率グラフ（ ▢ 水槽内の流動層の位置）

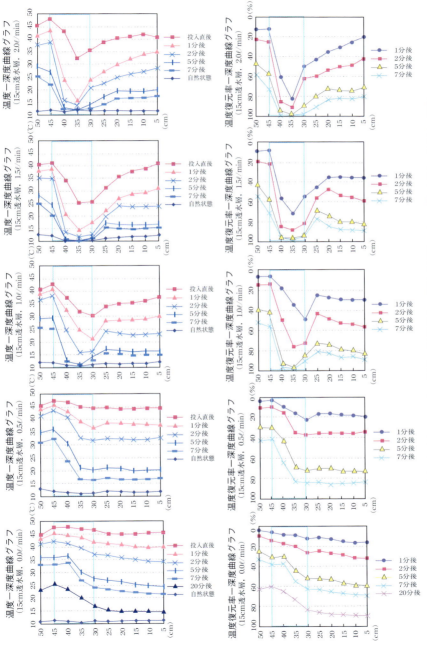

図4-16 透水層の厚さが15cmの場合の温度変化・復元率グラフ（ ▢ 水槽内の透水層の位置）

ii）流速換算のための実験

透水層内に流れている水量を流速に換算するための実験を行った。一定流量に保たれている状態で，上流側のタンクに一定量の塩を投入してよく撹拌した。また，下流側のタンク内では土層とタンクとの間に孔を開けた隔壁が設けられている。その隔壁を通して流出していく水がよく撹拌される状態にして，流出口付近に設置した電気伝導度計で伝導度の変化を観測した。その一例を図4-17に示す。

このようにして電気伝導度の変化を測定した理由を述べる。

構成されている透水層は多孔質体であるので，流されている水がどのような経路を通ってきたかにより，塩水が下流のタンクに到達する時刻には「ムラ」が生じると考えられる。そこで，下流側のタンク内の水を撹拌しつつ流出口付近に電気伝導度計を設置してその変化状況を計測した。したがって，計測された電気伝導度の変化は，種々の経路を通って流動してきた塩水の平均的な濃度変化を表している。

流速は次のようにして求めた。上流側のタンクに塩を投入した時刻と，下流側の電気伝導度が極値を示した時刻との差を求め，その時刻で上流タンクと下流タンクとの距離を割る。このようにして求めた流量と流速との関係を図4-18に示した。この結果から，同じ流量の場合，透水層が薄いと流速は大きくなり，透水層の厚さが増すと流速が遅くなることが示されている。

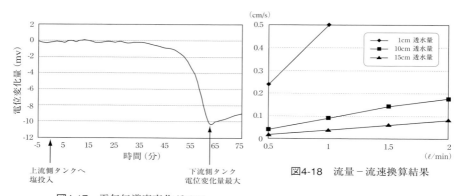

図4-17　電気伝導度変化グラフ

図4-18　流量－流速換算結果

iii）透水層二層の実験（同圧・被圧）
a）同圧状態における実験結果

上層透水層と下層透水層の水位を同一にした場合の実験結果を図4-19の右図に示す。この図を見ると，同圧条件の時には流量が少なかったために，全深度ほぼ同様に温度が復元していく様子が示されている。

b）被圧状態における実験結果

下層透水層の水頭を上層透水層の水位よりも高くした場合，つまり下層透

水層内に被圧水を流し込んだ場合の実験結果を図4-19の中央の図と左図に示す。これらの図を見ると，始めに下層から温度復元が進み，時間の経過と共に上層へと温度の復元が転移していく様子が示されている。なお，それぞれの実験における下層タンクおよび上層タンクの水位の状況は図4-20に示されている。

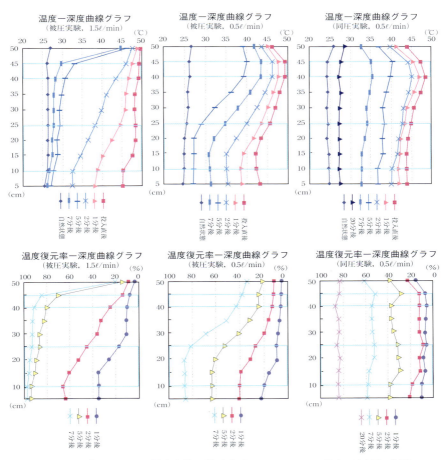

図4-19　被圧・同圧－温度変化・復元率グラフ（　　　水槽内の透水層の位置）

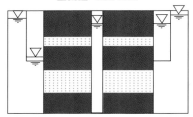
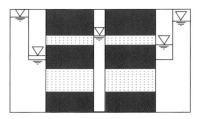

	水槽基底からの水位 (cm)	流量 (ℓ/min)
上流側上層タンク	58.1	0.2
上流側下層タンク	52.8	1.3
下流側上層タンク	33.4	1.3
下流側下層タンク	56.5	0.2
孔内水位	52.7	

	水槽基底からの水位 (cm)	流量 (ℓ/min)
上流側上層タンク	50.2	0.1
上流側下層タンク	41.8	0.4
下流側上層タンク	33.0	0.4
下流側下層タンク	46.6	0.1
孔内水位	46.0	

図4-20 被圧実験の水位状況

4－2－4 考察

A) 蓋の有無実験に関する考察

　実験を行う際の問題として，温水投入におけるパイプ内の温度が孔口付近では外気と接触しているために，実験結果にその影響が出る可能性がある。この点を検討するために，パイプの口の部分にセンサーを通す孔の開いた蓋を用いて，蓋をした場合としなかった場合について比較実験を行った。

　この実験結果は図4-11に示した。この図を見ると，孔口における蓋の有無の影響は孔口付近の極浅い部分には認められるようであるが，孔内水位以深では，その影響は殆ど認められていない。透水層を設けた中型水槽においても，同様な実験を行ったが，同様な結果つまり温度復元率にして大きなものでも数％の違いであった。この程度の変化は，透水層に水を流したときの温度復元率の変化（10％以上）と比較すると小さなものである。これらのことから，孔口に蓋があるなしは実験結果に有意ある影響は及ぼさないと判断し，以後は孔口に蓋をしないで実験を行った。

B) センサーの上下による実験結果に対する考察

　現地で多点温度検層を実施する場合は，図3-8に示したように，50cm間隔に測温体を取り付けたセンサーを用いる。この際に，図3-8の右図に示したように，センサーを10cm間隔に上下させながら測定を行っている。これによって，孔口から孔底まで10cm間隔の温度測定値を収集している。現地で行う多点温度検層では，このような作業を行っても検層結果に大きな支障は認められない。

しかし，今回の実験のように，60cm程度の水槽を用いて実験を行う場合は，センサーの上下による影響は大きいのではないかと懸念された。そこで，実験用に製作したセンサーを1cm間隔で上下しながら検層を行い，センサーを上下させない場合の検層結果と対比した。その結果を図4-12と図4-13に示した。これらの結果を見ると，センサー上下による温度変化への影響は，浅部では温度復元率にして5%程度認められるが，深部ではその影響は2～3%で殆ど認められていない。この変化の程度は，透水層を水が流れている場合に生じる温度復元率（10%以上）と比較すると小さな値である。この結果から判断すると，センサーの上下方向の多少の移動は，検層結果には大きな影響を与えないと考える。しかし，今回は精度の高い実験が要求されているため，センサーは不動にして以後の実験を行った。

C) 水のみによる実験結果に対する考察

　透水層が複数枚存在した場合，それぞれの透水層の水位・水頭の違いによって，パイプ内にどのような水の流れが生じるのかを検討するために，写真4-2および図4-7に示した小型水槽に水のみを入れて実験を行った。また，パイプ内の水の動きが目視できるように，インクを薄めた溶液をタンク内に注入した。今回は上下二層の透水層の存在を想定した実験を行った。

　その結果によると，上下二層の透水層の水位・水頭が同一の場合は，パイプ内には上下の水の移動が生じないことが示された。一方，上下両層の水位・水頭に差を付けた場合は，その状況に応じてパイプ内に水の上下流が生じることが示された。

　つまり，写真4-4に示したように，下層タンクの水位を上層タンクの水位よりも高くすると，パイプ内に水の上昇流が生じ，下層透水層の水が上層透水層に流入することが示された。また，写真4-5に示すように，上層タンクの水位を下層タンクの水頭よりも高くすると，前者とは逆にパイプ内に下降流が生じて，上層透水層の水が下層透水層に流入していることが示された。

　これらの実験結果から，被圧状態ではパイプ内に上昇流が生じ，負圧状態ではパイプ内に下降流が生じていることが確認できた。

　これらの実験結果から推察すると，それぞれの透水層が個別の水位・水頭を有して存在している場所にボーリングを掘削した場合，ボーリング掘削深度がそれぞれの透水層の存在深度に達するたびに，それぞれの透水層が有している水位・水頭に応じた水流がボーリング孔内に生じることが考えられる。したがって，最終目的掘削深度時にボーリング孔内に認められる水位は，複数存在する透水層の水位・水頭のバランスの取れた水位，つまり「平衡水位」であると考えられる。我々はこれを「孔内水位」と呼ぶことにした。申（1988）はこれを「狂水位」と呼んでいる。

D) 透水層一層の実験結果に対する考察

　一つの透水層が存在している場所でボーリング掘削を行い，その孔で多点温度検層を実施した場合，検層結果にどのような温度変化が検出されるのかを検討するために，水槽内に一層の透水層を構築し，各種の実験を行った。実験に際しては，前述したように，透水層の厚さを変えるとともに，それぞれの透水層の厚さに対して，それぞれ流量を変化させた。それらの結果は図4-14～4-16に示されている。

これらの図（各左端の0リットル／分の図）を見ると，流量0リットル／分の場合，つまり透水層に水が流れていない場合は，透水層が存在する部分とそれ以外の部分の温度の復元状態に大きな差は認められない。しかし，透水層に水を流した場合の温度変化を見ると，透水層が存在している場所では，温度の復元状態が他の場所よりも速くなっていることが示されている。透水層を流れる水の流量が増加するにしたがって，短時間のうちに温度が自然状態に復元していることもわかった。
　また，透水層の厚さが薄い場合は，温度復元場所も薄いが，その厚さが増すにしたがって，温度復元の幅もそれに対応して厚くなることが示された。
　これらの実験結果から，透水層が地中に存在していても，そこに地下水が流れていない場合は，全孔ほぼ同じような温度復元状態を示し，透水層の存在によって温度変化を捉えることは難しいと考えられる。
　一方，透水層に水が流れていると，その部分が他の場所よりも速く自然状態の温度に復元することが示されている。このことから，多点温度検層結果において，他の深度よりも速い温度復元状態を示す部分は，地下水の流れが存在する場所であると解釈してよいと考える。
　ただ，透水層の厚さを厚くした場合の実験結果を見ると，透水層の下部ほど温度の復元状況が速い場合が認められる。この原因の一つは温水投入直後には45℃の温水があるパイプ内に12℃の冷水が流入したために，両者の間に密度差（理科年表：1992によると，両者の温度を持つ水の密度差は$0.0076g/cm^3$）が生じ，このために透水層の下部に冷水が潜り込む現象が起きたことを示唆している可能性がある。なお，この点は今後さらに検討する必要があると考える。
　実験結果によると，透水層の厚さが薄いと4種類に分類されたパターンの中の薄層流パターンとなり，その厚さが厚くなると，厚層流パターンとなることが示されている。この実験結果によれば，現地検層結果において，厚さが薄いパターンが検出された場合は，亀裂水またはそれに類する薄層の透水層を検出したと解釈してよいと思われる。また，厚層流パターンが検出された場合は，それぞれのパターンに応じた厚さを有する透水層を捉えていると解釈してよいと思われる。さらに，流量を変化させた実験結果によれば，自然状態への復元が早いものほど，その部分を流れる地下水の量は多いと解釈してよいことが示された。

E）透水層二層の実験結果に対する考察
　実際のボーリング孔内では，幾つかの透水層（流動層）からの地下水の流入・流出が認められ，その量と透水層の存在深度によって孔内水位は変化する（図4-21）。何枚かの透水層が存在する場合は，それぞれの透水層の水位・水頭が平衡に達したところで，ボーリング孔内に孔内水位として確認されると考えられる。
　そこで，小型水槽を用いた水のみによる実験結果の成果を踏まえて，次の条件で実験を行った。

　i）上層タンクと下層タンクの水位を同一にした状態
　　この場合は，図4-19の右図に示したように，上層透水層と下層透水層の水位が同一で，流量がそれぞれ0.5リットル／分の場合には，全深度ほぼ同じ状態で

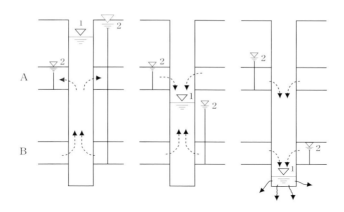

図4-21　各流動層の水位・水頭の相違による
孔内水位の形成の違い

温度が復元することが示されている。透水層内に水を流しているにもかかわらず，難透水層と透水層の温度復元状態が同じで，水の流れを検出できなかった原因は，拡散速度と移流速度がほぼ同じであったことによると考えられる。つまり，流量0.5リットル／分は速度に換算すると0.0015cm/sec程度となる。一方，水の熱拡散係数は0.0014cm/secであり，これを実験に用いているパイプの孔壁からセンサーまでの距離1.0cmで割るとその拡散率は0.0014cm/secとなる。したがって，この実験の場合は水の流れの速度（移流速度）と熱拡散速度とがほぼ同じであったために，水の流れを検出することができなかったものと考える。

ii）下層タンクの水頭を上層タンクの水位よりも上げた状態

　この実験は被圧された状態を想定したものである。実験結果を見ると，図4-19の中央と左図に示されているように，はじめは下層透水層から温度の復元が進み，時間経過とともに，上層透水層へと温度の復元が進んでいく様子が示されている。この実験結果から，下層透水層が被圧状態にある場所にボーリング孔を設けると，下層透水層を流れる水の一部が，ボーリング孔内を通して上層透水層に流入することがあるということが示されたことになる。

　この実験から得られた検層結果のパターンは，現地検層結果でよく認められるものであり，このような上昇流パターンが検出された場合には，下層に被圧性の透水層が存在していると解釈してよいことが示唆された。

4－3 実験結果に基づいた現地検層結果の解釈の例

A）閃緑岩中に検出された顕著な流れのない例（図4-22a, b）

全層ほぼ一定の割合で温度が復元しており，その復元状態に明確な差が認められない。今回行った実験結果と対比すると，ボーリング孔に水が流れていない状態を示していると推察される。したがって，ここには顕著な流動層は存在していないと解釈される。

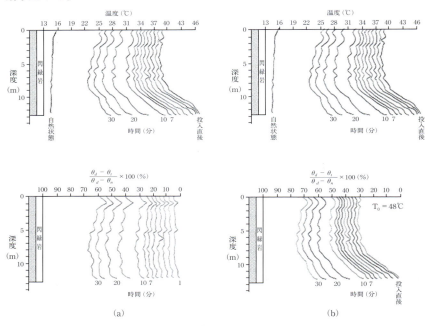

図4-22a, b　閃緑岩中に検出された顕著な流れのない例

B）強風化砂質泥岩層中に検出された薄層流パターンの例（図4-23）

温度の復元する度合いが他の所よりも速い箇所が認められ，その幅が非常に薄い。今回行った実験結果と対比すると，薄層流パターンに相当していると考えられる。つまり，温度復元が他よりも速い箇所には，それと対応する深度に流動層となる透水性のよい薄い土層または亀裂的な部分が形成されていると解釈できる。

C）砂礫層の中に検出された厚層流パターンの例（図4-24）

温度の復元する度合いが他の所よりも速い箇所がある程度の幅を持って存在しているのが認められる。今回行った実験結果と対比すると，このパターンは厚層流パターンに相当している。つまり，復元の速い箇所にはその幅と同程度の厚さで地下水が流れることができる透水性のよい層が形成されていると解釈できる。

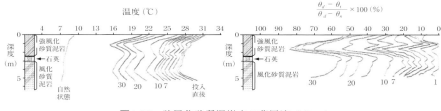

図4-23 強風化砂質泥岩中の薄層流パターン

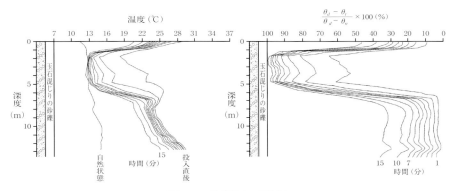

図4-24 砂礫層中の厚層流パターン

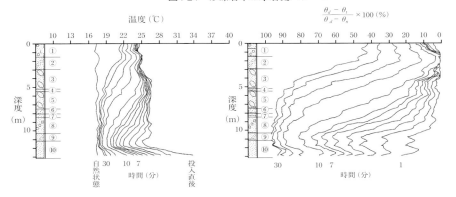

図4-25 礫混じり粗砂中の上昇流パターン（図内凡例は以下の通り）
①礫混じりの中砂，②粘土質の細砂，③玉石混じりの粗砂，
④細砂，⑤玉石混じりの粗砂，⑥砂質粘土，⑦細砂，
⑧礫混じりの粗砂，⑨粘土混じりの細砂，⑩細砂

D) 礫混じり粗砂中に検出された上昇流パターンの例（図4-25）

温度の復元する度合いが他の所よりも速い箇所があり，その復元状況が経時的に上方へと転移しているように見える。このパターンは実験結果によると，上昇流パターンと考えられる。これは始めの温度復元が速い箇所に被圧された地下水が存

する流動層であり，その地下水がボーリング孔内を通して上昇していることを示唆していると解釈される。

E）粘土混じり砂礫中で検出された下降流パターンの例（図4-26）
　温度の復元する度合いが他の所よりも速い箇所があり，その復元状況が経時的に下方へと転移しているように見える。このパターンは実験結果によると，下降流パターンと考えられる。これは，はじめの温度復元が速い箇所の下位にこの箇所よりも水頭の低い地下水が存在する流動層であり，その地下水がボーリング孔内を通して下降していることを示唆していると解釈される。

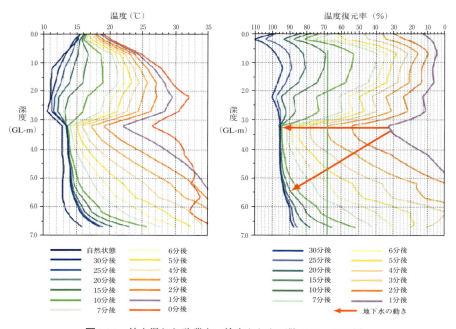

図4-26　粘土混じり砂礫中に検出された下降パターンの例

第5章
孔内洗浄と検層結果の対比

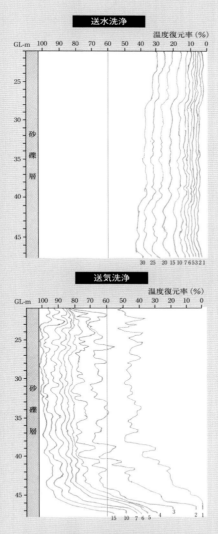

全層砂礫層で泥水掘りをしたボーリング孔で、送水洗浄したものと送気洗浄したものを対比した。その違いは、一目瞭然である。

ボーリング孔を利用した各種の検層法については，それぞれに同様のことがいえるのではないかと思うが，ボーリング掘削時に使用される泥水が検層結果にどのような影響を与えているのかに関する検討は，各種検層結果を正しく評価しようとする場合，重要な因子となる。

しかし，これまでこの点に関する議論は殆どなされてこなかった。そこで，同じような土層構造を示す場所にボーリング孔を掘削し，予め十分に孔内洗浄を行ったボーリング孔と洗浄不十分なボーリング孔とではその検層結果にどのような相違が存在するかに関する検討を行った。

5-1 検討方法

実験対象となった場所は沖積台地であり，シルト層，細砂層，礫混じり砂層，砂礫層の互層で構成されている。ボーリング孔は3本掘削されているが（図5-1），今回の検討対象となったボーリング孔はBV-1とBV-2の2本である。両者は直線で50m離れている。掘削深度は両者ともに45mである。検層深度は地表面から深度Gl-30mまでとした。

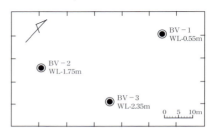

図5-1 検討対象としたボーリング孔の位置図

両ボーリング孔の地質状況は，図5-2の土質断面図に示すように，ともに砂層・砂礫層が存在している。この状況では清水堀で孔壁を保つことが難しかったので，泥水による掘削が行われた。

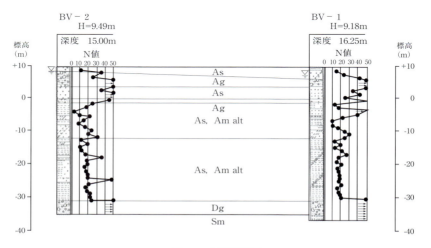

図5-2 土質断面図

この状況で多点温度検層を実施し，洗浄効果の評価を行うために以下のように実験を進めた。
　ボーリング孔BV－1では簡単な送水洗浄（予備的洗浄）のみを行い，BV－2では空気突出口を孔全体に上下させながら，6時間にわたって送気による洗浄を行った。送気による孔内洗浄の方法は，図5-3に示すようなものである。図の左に示したものは，通常地下水を揚水する場合の送気の掛け方である。今回は図の右に示すような方法で洗浄を行った。ボーリング孔掘削後，フィルターを巻いたストレーナー付きの保孔管をボーリング孔内に挿入し，その中に送気用のパイプを挿入してコンプレッサーで徐々に送気する。
　まず，ほぼ完全に洗浄したと思われるBV－2において多点温度検層を行い，次にBV－1で次の手順で多点温度検層を行った。

 i 　予備的な洗浄を行った段階での検層
 ii 　深度Gl-30mで1時間揚水洗浄を行った後に検層
 iii 　深度Gl-10mで1.5時間揚水洗浄を行った後に検層
 iv 　空気噴出口を深度Gl-40mに設置し，送気を3時間掛けて洗浄した後に検層

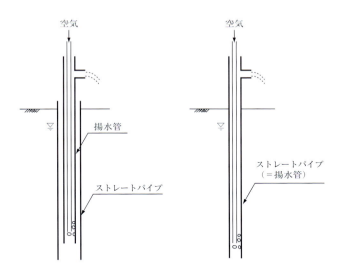

図5-3　送気洗浄の方法

5－2　検層結果

　多点温度検層の結果は地下水流動層の存在深度を検出するに適した「温度復元率－深度曲線」として表現し，上述の各洗浄段階における検層結果の相違を比較した。

完全洗浄されていると思われるボーリング孔BV－2の検層結果を図5-4に示す。このボーリング孔の孔内水位は深度Gl-1.75mに存在している。検層結果を見ると，孔底からの被圧水上昇による温度復元状態の顕著なところと，深度Gl-3.0～Gl-8.0mの所に温度復元率の大きな区間が認められる。なお，被圧水上昇の影響は深度Gl-10～Gl-11m付近に存在する砂礫層にまで認められるようである。

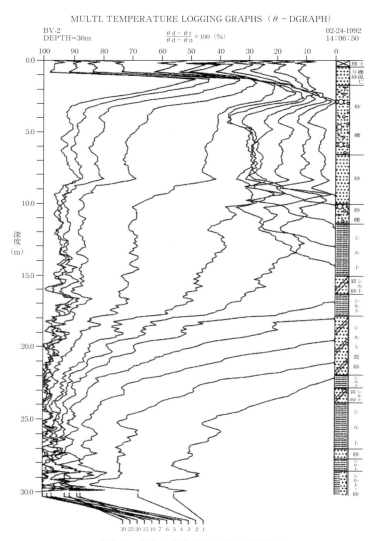

図5-4　完全に洗浄された後の検層結果

次に予備的な洗浄を実施した段階におけるボーリング孔BV－1の検層結果を図5-5に示す。このボーリング孔の孔内水位は深度Gl-0.55m付近に認められる。検層結果を見ると，前述のボーリング孔BV－2の検層結果とは全く異なった検層結果が得られている。地質柱状図を見ても明らかなように，土質的には大きな相違は認められないので，もし予備的な洗浄で泥壁が完全に除去されているとすれば，BV－2と同様な結果が得られるはずである。しかし，図5-5には顕著な地下水流動層の存在を示唆する温度復元率は示されておらず，全層にわたってほぼ同じような温度復元率を示している。検層時間30分後の温度復元率が60％程度ということは，このボーリング孔には顕著な地下水の流動層が存在していないことを示唆している。このことから，この段階では泥壁は殆ど除去されていない状態にあると判断される。
　そこで，次に深度Gl-30mまで揚水ホースを挿入し，10リットル／分程度の揚水量で1時間洗浄を行った後に再度多点温度検層を行った。その結果を図5-6に示す。これを見ると，全層にわたってほぼ同じような温度復元率を示しており，前回の検層結果とあまり大きな相違は認められない。つまり深部における揚水洗浄では，まだ泥壁を洗い流す状況にはないことを示している。
　さらに，深度Gl-10mまで揚水ホースを引き上げて，この深度で10リットル／分程度の揚水洗浄を1.5時間行った後で，再度検層を実施した。その結果を図5-7に示す。この図を見ると，前回とほぼ同じような検層結果となっており，この段階においても泥壁の破壊は認められてないようである。
　前二者の検層結果から判断すると，揚水洗浄のみでは掘削時に形成された泥壁を除去し，自然状態における地下水流動を再現することができないことが明らかになった。そこで，次に深度Gl-40mに空気突出口を設置して送気洗浄を3時間行い，その後に検層を実施してみた。その結果を図5-8に示す。この図を見ると，前回までとは全く異なる検層結果が示されている。特に顕著なことは，深部からの被圧水の上昇による温度復元率の大きさである。これは今までに実施した揚水洗浄後の検層結果では全く認められなかった現象である。このことは送気洗浄を行うことによって，初めて泥壁が破壊・除去されたことを示している。この図を見ると，深部からの被圧水上昇による温度復元の影響は深度Gl-9m付近にまで及んでいることが示されている。この状況はボーリング孔BV－2の検層結果に酷似しているようにみえる。

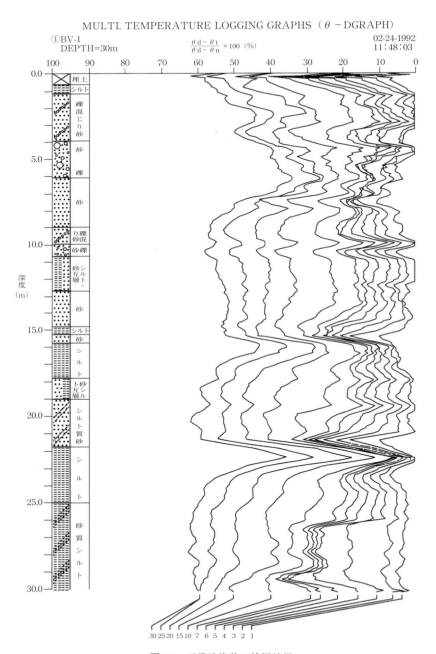

図5-5　予備洗浄後の検層結果

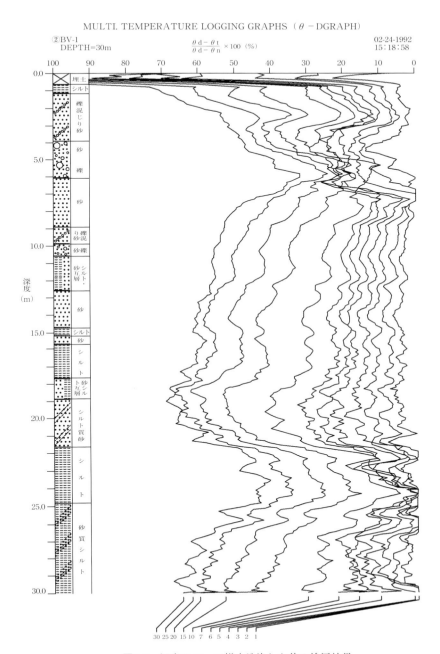

図5-6　深度Gl-30mで揚水洗浄した後の検層結果

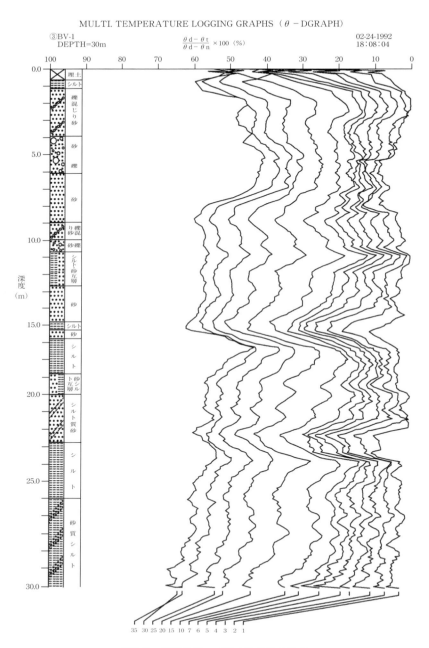

図5-7 深度Gl-10mで揚水洗浄後の結果

<第5章> 孔内洗浄と検層結果の対比

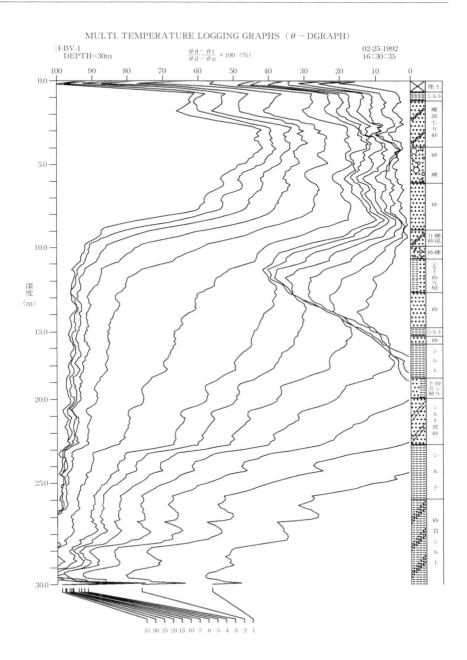

図5-8　深度Gl-40mで送気洗浄後の結果

5－3　孔内洗浄が意味するもの

　泥水掘りは孔壁を崩さないようにするために孔壁に泥壁を形成しつつ掘削を実施するものであることは論を待たない。使用される泥水は孔壁周辺に遮水性の壁を作り，その一部はボーリング孔の周辺の土層（砂礫層など）の中に浸透しているものと推察される（図5-9A）。したがって，このような状態にあるボーリング孔を利用して各種の検層を実施しても，得られた結果に対して正確な評価を下すことは難しいと考える。正確な情報を得るためには，孔内およびその周辺を十分に洗浄し，いったん形成された泥壁を完全に除去し，さらに孔壁周辺に浸透した泥水をも取り除く必要がある。

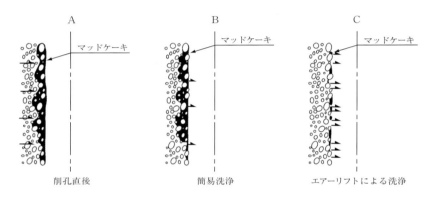

図5-9　洗浄による泥壁（マッドケーキ）除去の概念図
（A：削孔直後の泥壁の状況，B：簡易洗浄後の状況，C：送気洗浄後の状況）

　通常，孔内洗浄は送水・揚水，あるいはベーラーによる揚水によって行われる。しかし，その洗浄をどの程度の時間で終了するかは，孔口から排出される孔内水の懸濁の程度で判断していることが多い（図5-9B）。一般的には，「孔内から排出される水が清浄になった時点で孔内は洗浄された」としているようである。今回も，洗浄の各段階で，それぞれかなり清浄な孔内水が排出されるようになってから，検層を実施した。しかし，各段階の検層結果を完全洗浄の検層結果と比較すると，両者の間には大きな差が認められている。

　このことは，単に孔内からの排出水が清浄になったことをもって，泥壁は除去されたと判断し，各種検層を実施し，その結果を解釈することには大きな危険性が潜んでいることを示唆している。今回の検層結果から判断すると，孔内水が清浄になったということは，単に泥壁の一部が破壊され，除去されたに過ぎず，この部分から清純な地下水が流入したに過ぎない可能性が高いようである。つまり，図5-9Bに示したように，泥壁の一部から綺麗な地下水が孔内に流入し，一見して孔内が洗浄されたかのように見えるのである。

この段階では，孔内水が清浄になったことを意味しているだけであり，孔壁に形成されている泥壁が完全に除去されたことを示しているものではないことを理解する必要がある。

今回のBV－1の送気洗浄後の検層結果を，BV－2の検層結果と比較してみると，まだかなりの相違が認められる。特に浅層の砂礫に存在する流動層は，BV－1では殆ど検出されておらず，浅層部の洗浄が未だ不完全であることを示している。この結果から判断すると，BV－2の洗浄状況は，図5-9Cに示したように，ほぼ完全に泥壁が除去された状態にあるのに対し，BV－1の洗浄状態は，図のBとCの中間の洗浄状態にあると推定される。

なお，地下水調査のための観測孔の仕上げに関しては，第9章で詳述する。

> ここで一言

孔内洗浄を十分に行うようにボーリング・オペレーターに頼んだ場合，注意しなくてはならないことがある。彼らは孔内洗浄というと孔内に綺麗な水が存在している状態と理解しているということである。孔内洗浄という言葉を正しく解釈すれば，間違いではない。しかし，このことは泥壁が完全に除去されたこととは違うということを認識しておかなくてはならない。

もし，地質・土質状況から判断して，あまりにもかけ離れた検層結果が出た場合には，再度孔内洗浄を行うだけの時間的・経済的余裕が欲しいものである。ただ，これをオペレーターにお願いすると，かなり渋い顔をするが，孔内洗浄の意味をよく説明してしっかりと行ってもらうようにしたいものである。

地下水と私③

孔内洗浄の方法

　ボーリング掘削を行う際に，場所によってはスライムを除去するために泥水を使って掘削することがある。このようにして掘られたボーリング孔を地下水調査に使用するときには，孔内を十分に洗浄する必要がある。
　ボーリングのオペレーターに洗浄をお願いすると，孔内の適当な深度までホースを挿入し，ポンプを稼働させて送水する。初めはどろどろの泥水が孔口から排出されてくるが，暫く送水すると，孔口からきれいな水が出てくるようになる。この段階で，「洗浄を終わりました」と報告されて，作業は終了となる。
　待機していた我々は，洗浄されたという孔の中に温度測定用のセンサーを下ろしていく。測定を終えて，センサーを引き上げてみると，なんとセンサーコードは泥水に塗れてベタベタになっているではないか。

「どうして？　ちゃんと洗浄したのですよね？」
「はい，しました」
「それでは，この汚れは何ですか？」
「さぁ？」

　そこで，この洗浄の仕方について考えた。
　オペレーターは確かに，ホースも使って孔内洗浄をしたのであろう。しかし，それはあくまでもホースが挿入された深度付近の泥壁が破壊されて，きれいな地下水が流入したため，一見して孔内が洗浄されたかのように見えただけのことである。つまりこの段階では，孔全体が洗浄されてはいなかったのである。
　これでは孔内が洗浄されたとは言えない。それでは，どうすればいいのか？我々は送水用ホースを孔口から孔底まで満遍なくゆっくりと上下させながら洗浄することを薦めているが，この作業は人が着きっきりで行わなくてはならないため，オペレーターには嫌がられるものである。
　しかし，地下水に関するできるかぎり正確な情報を得るためには，孔内全体を隈無く洗浄し，掘削に使用した泥水を完全に除去する必要がある。
　この作業は，人任せではなかなか上手くいかないのである。

第6章
いろいろな地層における検層例

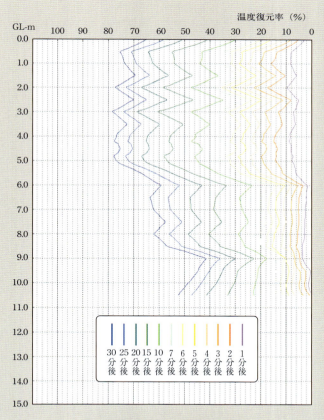

この温度復元率に描かれた結果から，
地下水の流動状況をどう解釈するか？

6-1 砂礫層における簡易洗浄と送気洗浄による流動層検出の相違
―洗浄の必要性―

　泥水を使用して掘削された砂礫層で，簡単な送水洗浄後に多点温度検層を実施した結果を図6-1の左図に示した。この検層結果を見ると，砂礫層であるにも関わらず，殆ど流動層の存在が認められない状態であることがわかる。多点温度検層センサーを引き上げたところ，泥水がかなり付着して上がってきた。このことから孔内に泥壁がかなり残留していると判断し，送気洗浄を半日程度行うことにした。その時に，空気突出孔を孔口から孔底までゆっくりと上下させながら，泥壁の除去を行った。その後に行った多点温度検層の結果を図6-1の右図に示した。この結果を見ると，深度Gl-12m，Gl-15mおよびGl-17m付近に薄い流動層が検出されているとともに，深度Gl-19～Gl-26mに厚い流動層が検出されている。
　この例から，多点温度検層を実施した際に，構成土質・地層から判断して，納得のいかない結果が出た場合は，再度十分な洗浄を行う必要があることが理解できる。

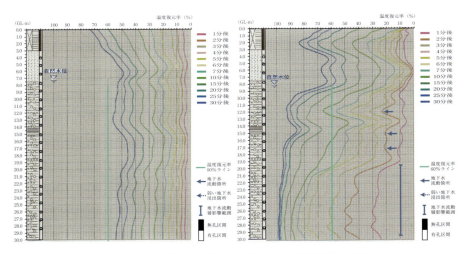

図6-1　簡易洗浄（左）と送気洗浄（右）による検層結果の相違

6-2　粘土質砂礫層を主体とする地層での検層例―間詰めの必要性―

　粘土質砂礫層を主体とした地層での検層結果を図6-2a，bに示した。始めに多点温度検層を行った段階では，ボーリング孔内に保孔管が挿入されているのみで，間詰めはなされていなかった。この状態で多点温度検層を行った結果が図6-2（a）である。このグラフを見ると，30分経過後においても温度復元率は60％以下であり，顕著な地下水流動層は認められないと判断した。

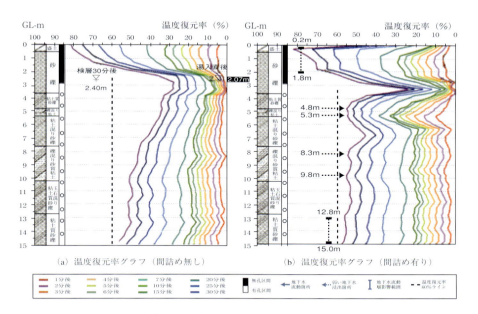

図6-2　間詰め材の有無による検層結果の相違（a：間詰め無し，b：間詰め有り）

　そこで，間詰材として径5-6mmの豆砂利を充填し，その後再度多点温度検層を実施した。その結果を図6-2（b）に示した。このグラフを見ると，やはり30分経過後においても60%以上を示す温度復元率は認められていないので，顕著な地下水流動層は存在していないようである。しかし，図6-2（a），（b）を比較してみると，矢印を付けたところに，間詰材がない場合と比べて，若干温度復元率の上がっていることがわかる。

　このことは，非常に弱い流動層が存在しているボーリング孔では，間詰材がないとボーリング孔内に流入した地下水は保孔管に入る前に分散してしまい，検層結果に流動層として認識されないことを示唆している（図6-3（a））。しかし，間詰材を充填することによって，弱い流動地下水は間詰材の間隙内を流れて保孔管内に流入し，検層結果に弱い流動層として検出されることになると推察される。

　この例に見るように，ボーリング孔内に保孔管を挿入した後は，間詰材を充填する必要のあることが認識できると思う。

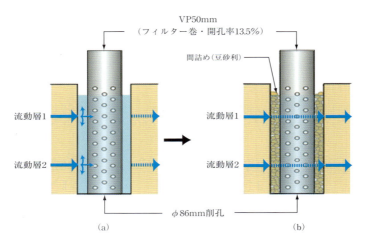

図6-3 間詰材充填の必要性を示す模式図

6－3 粘土混じり砂礫層で検出された被圧水

　粘土混じり砂礫層で，多点温度検層を行ったところ，図6-4に示すような温度復元率が得られた。地表面から孔内水位付近まで30分後の温度復元率が80％を超えるところが認められ，浅部に地下水浸出部の存在が推察される。一方，孔内水位以深を見ると，深度Gl-7〜Gl-14m付近まで60％以上の温度復元率を示す区間が認められ，この区間に地下水流動層の存在が推察される。しかし，検層開始1分後の温度復元率のグラフを見ると，深度Gl-14.5m付近にやや温度復元率の速いところが認められる以外は，地下水流動層の存在を示唆するようなグラフは示されていない。しかし，時系列的に温度復元状態を見ると，温度復元状態が時間を経るにしたがって，上方に転移している様子が示されている。このことは，4-2-4 E-iiの実験結果に示されているように，深度Gl-14.5m付近に流入した地下水がボーリング孔内を上昇していることを示している。つまり，この深度に認められた流動層が被圧水の性質を有していることを示唆している。この他にも，深度Gl-17.5m付近にも弱い地下水流動層が存在している様子が示されている。
　このように，検層結果から得られた「温度復元率－深度」曲線を詳細に検討することによって，地下水の存在状態（水理地質的性格）について考察することができる。

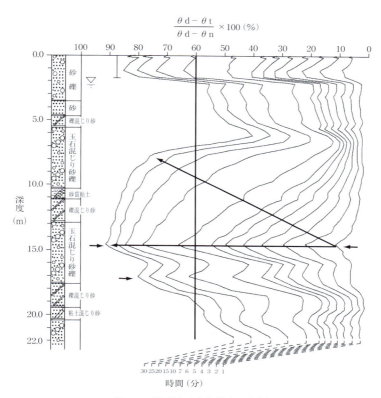

図6-4 被圧地下水を検出した例

6－4　砂礫層で厚い流動層を検出

　厚く堆積した砂礫層での検層結果を図6-5に示した。左に「温度－深度曲線」を，右に「温度復元率－深度曲線」を示してある。このグラフを見ると，砂礫層といえども地下水が一様に流動しているとは限らないことが示されている。
　このボーリング孔では，孔内水位以浅には顕著な地下水浸出は認められないようである。一方，孔内水位以深では，深度Gl-5～Gl-10.5mにかけて検層開始後30分で90％に達する温度復元率の大きな区間が認められている。この区間に速い地下水の流れが存在していることを示唆している。深度Gl-10.5～Gl-14mまでは，上位の流動層と比較するとやや遅い地下水の流れが存在しているようである。さらに深度Gl-14m以深には孔底付近から地下水が上昇していることを示唆するグラフが示されている。
　この検層結果から，同じような砂礫で構成されている地層においても，地下水は必ずしも一様に流れているとは限らないことが理解できると思う。

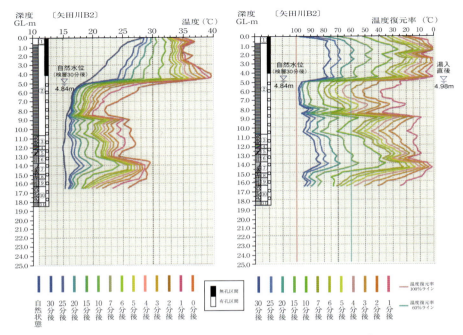

図6-5 砂礫層中の厚い流動層検出例（柱状図は以下の通り）
①砂質シルト，②シルト混じり礫，③シルト混じり礫質砂，④砂質シルト，⑤礫混じり砂，⑥シルト混じり砂礫，⑦砂質粘土，⑧粘土質砂礫，⑨シルト混じり砂礫，⑩玉石混じり砂礫，⑪風化岩

第7章
単孔式加熱型流向流速計

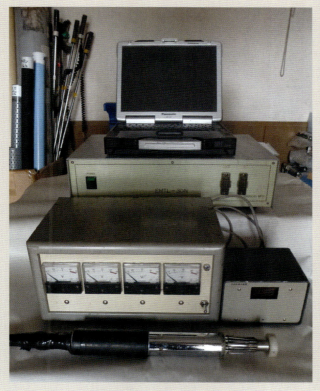

単孔式加熱型流向流速計一式（150mもの）

7−1 はじめに

　地下水が存在するところで何らかの作業を行う場合，その存在状態に関する正しい情報のないままに作業を進めると，思わぬ障害に遭遇することがある。この障害を未然に防ぐために，これまで多くの努力がなされてきている。

　地下水流脈（「水ミチ」と称する）の平面的な存在場所に関しては，「1m深地温探査」を実施することによって，その情報を得ることが可能である。また，その「水ミチ」を構成している地下水流動層に関する情報は「多点温度検層」を実施することにより得ることができる。これらに関しては拙著（竹内：2013）ならびに本書第4〜6章に述べられている。

　また，流動地下水が存在する場合には，その流動方向と流速に関してできるかぎり正確な情報を得ておくことは，地下水障害を未然に防ぐためにも非常に重要なことである。

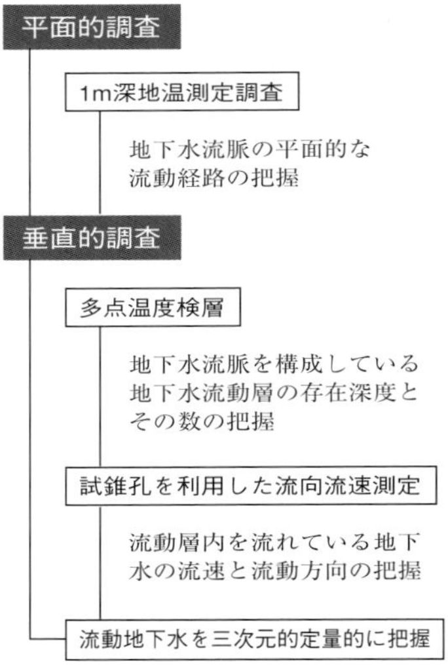

　今日まで，地下水の流動方向と流速に関する情報を得る手法として，以下のような方法が提案され，実施されてきている。

　　i　中性子水分計を利用した単孔式流向流速計（山本他，1972）
　　ii　電解質溶液の濃度変化を利用した単孔式流向流速計（平山他，1981）
　　iii　地下水中の微粒子に着目したCCDカメラによる単孔式流向流速計（斉藤他，1977）
　　iv　地中に埋設する型の地下水流向流速計（梅田他，1988）

図7-1　温度測定による地下水調査法の流れ図

　しかしながら，著者はこれまで述べてきたように，地下水調査の手法を「温度」という物理的因子を用いて開発してきているので，地下水の流れる方向とその速度に関する情報も「温度」を利用して行いたいという考えを基に，温度を利用した「単孔式加熱型地下水流向流速計」の開発を行った。これを完成させることによって，「温度」という物理的因子を用いた地下水調査法をシステムとして構築することができることになる（図7-1）。

7−2　温度を利用した単孔式加熱型流向流速計の開発

　温度を利用した流向流速計の開発に当たっては，著者らは下記の条件を満たす計測器を制作することにした。

　　i　地質調査用ボーリング孔内を利用できるように，センサーの外径を40mmとする

ii　計測対象とする地下水の流速は，$10^0 \sim 10^{-3}$cm/secとする
   iii　計測対象とする地下水の流動方向判別の精度は±22.5°以内とする

　これらの条件を満たす流向流速計の名称を「単孔式加熱型流向流速計」と名付けた。

7－3　単孔式加熱型流向流速計

7－3－1　原理
　開発された単孔式加熱型流向流速計の原理は，非常に単純なもので，地下水の流動に伴う熱の移流の様子を測温体で検知することにより，その流速と流動方向に関する情報を得ようとするものである。
　地下水の流れがない状態で，中心ヒーターに電圧を加えると，発生した熱は周囲に均等に拡散していく（図7-2左）。一方，流れがあると，発生した熱は地下水の流れに乗って下流方向へと移流する。そのために，上流側に配置された測温体の温度は地下水の流れによって熱を奪われるので，下流方向に配置されている測温体よりも低い温度を示すことになる（図7-2右）。また，ヒーター周辺に配置された測温体の加電前の温度と加電後の温度との差は，地下水の流れが遅いほど大きく，速いほど小さくなる。したがって，ヒーター加電前後の各測温体の温度を測定することにより，地下水の流動方向と流速に関する情報を得ることができることになる。

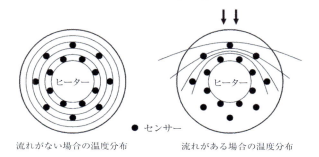

図7-2　熱移流によるセンサー周辺部の温度分布状況

7－3－2　特徴
　開発された単孔式加熱型流向流速計の特徴は次のようなものである。
1. 微少な熱を発生するだけであるので，地下水に対して熱汚染などの影響を及ぼすおそれがない。
2. 短時間で上記に関する情報を得ることができるので，くり返し測定することにより，再現性を確認することが容易にできる。

7－3－3　計測器の構成
　開発された単孔式加熱型流向流速計は，図7-3に示すように，流向流速センサ

ー，方位センサー，インターフェイス，パソコン，発電機で構成されている。流向流速測定部の構造は，図7-4に示すように，外径40mmの中心にヒーターが設置されており，そのヒーターに8本のサーミスター型精密測温体が45°間隔に取り付けてあり，その外周にも8本の同型測温体が45°間隔で配置されている。方位センサーには磁気計測モジュールを使用している。

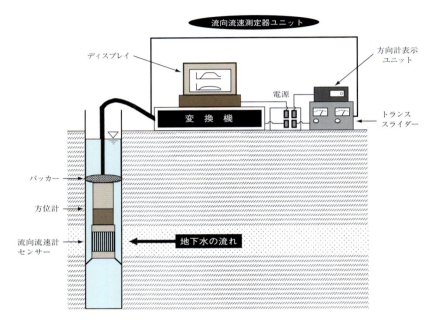

図7-3　地下水流向流速計の構成図

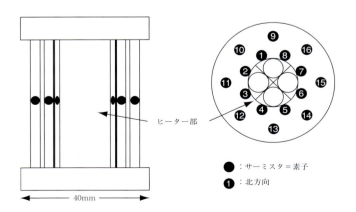

図7-4　単孔式加熱型流向流速計センサーの構造図

7－3－4　実験による検証

開発された単孔式加熱型流向流速計に対して，図7-5に示したような水槽を使用して，各種の実験を行った。

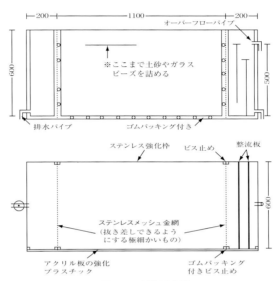

図7-5　実験用水槽

実験条件は次のように設定した。
  i 流量制御による流速：0.57×10^{-3}，2.8×10^{-3}，1.7×10^{-2}，5.7×10^{-2}，8.3×10^{-2} cm/sec
  ii 加電電圧：0，5，10，15，20，30，40，50ボルト

上記の各種実験によって，次のことが明らかにされた。
中心部加電電圧の変化による温度変化は，ヒーター周囲に取り付けられた測温体に顕著に表れる。しかし，外周の測温体には，電圧が高い場合あるいは地下水流速が遅い場合を除いては，顕著な温度変化は認められなかった。この結果に基づいて，流向流速に関する情報を得るためには，ヒーターに取り付けられた測温体の温度変化に注目すべきであると考え，以下の検討を行った。

流向：流速 8.3×10^{-2} cm/sec の場合の各種加電電圧に対する測温体の応答状況を図7-6に示した。この図から，加電電圧が20ボルト以上あれば，流動方向に関する情報を得ることができると判断した。

流速：各種の流速と各種加電電圧に対する実験結果を，加電電圧をパラメーターとして整理し，加電前の温度と任意加電電圧での加電後の温度との差（$\Delta \theta$）と流速（v）との相関図を図7-7に示した。この図から，任意加電電圧に対する温度差を検出することにより，流速に関する情報を得ることができると判断した。

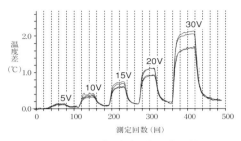
図7-6 加電電圧と温度上昇

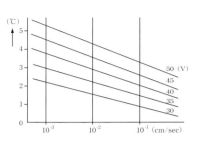
図7-7 加電電圧をパラメーターとした流速と温度上昇

7-4 センサー設置方法と測定方法

　これまでに実施されてきている既存の流向流速計の設置深度は，殆どの場合，地質柱状図に基づいて決められている。この方法では，なぜセンサーをその深度に設置したかの説明に窮する場合が多い。前章に述べたように，同一の地質・土質条件においても地下水の流動状況は大きく異なる。そのために，センサーが設置された深度に流動層が存在しているか否かの確認をしないまま測定を実施した場合，その結果の信頼性を大きく欠くことになる。この点を改善するために，著者らは「多点温度検層」を実施することによって検出された地下水流動層の存在深度に単孔式加熱型流向流速計を設置して測定することとした。

7-4-1 センサー設置方法

　センサー設置は次のようにして行う。
1. 調査対象ボーリング孔内を利用して多点温度検層を実施する
2. その結果検出された地下水流動層の存在深度に単孔式加熱型流向流速計を設置する
3. 複数枚流動層が検出された場合は，調査目的に適した流動層を選定した上で，測定深度を決める

7-4-2 測定方法

1. センサー挿入による地下水の乱れが収まったことを確認する（30分程度）
2. 始めに自然状態の温度を200秒測定する
3. その後ヒーターに加電し，800秒測定する
4. その後ヒーターへの加電を中止して200秒測定し，計測を終了する

　なお，加電電圧は実験結果に基づいて30ボルトとした。計測は10秒に1回の割合で行われ，リアルタイムでディスプレーにグラフで表示される。
　自然状態の測定の際に，温度差が上下に変動する現象が認められた場合は，地下水の乱れが収束していないことを示している。したがって，この場合は，計測を一端中断し，さらに時間をおく必要がある。
　測定結果の信頼性を高めるために，この作業を2回繰り返して行うこともある。

7－5 解析の方法

7－5－1 流動方向

センサー部のヒーターに加電すると，発生した熱は地下水の流れに乗って下流に運ばれる。したがって，上流側の測温体は地下水の流れによって冷やされるため，下流側の測温体の温度に比べると低くなる。つまり，低温を示す測温体は上流側，高温を示す測温体は下流側に位置していると解釈される。これに基づき，得られた測定値を任意時刻ごとに「等温線図」として表現し，地下水の流動方向について検討する。

なお，測温体1番を北方向に合わせているため，残りすべての測温体の方位が決まる（図7-8）。先に作成した「温度差－時間曲線」より加電後温度が安定した時間のデータを用いて，流動方向の推定を行う。基本的に任意時間の計測温度より「同時刻－等温線図」を作成し，そのグラフから流動方向の推定を行う。

たとえば，図7-9に示すように任意時間における「同時刻－等温線図」が得られた場合は，南東方向を中心として温度の高いところが，北西方向を中心として温度の低いところが認められる。このことから，この付近の地下水は北西方向から流入して南東方向に流出していると推察される。

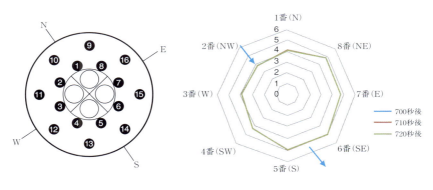

図7-8　流向流速計挿入方向
（○：ヒーター，●：測温体）

図7-9　流動方向推定例

7－5－2 流動速度

計測結果に基づいた流速に関する検討は次のように行う。前述したように，地下水流動が存在する場合，ヒーターに対して加電すると発生した熱は流れに乗って移流される。その移流される熱量は，地下水の流れが速いほど大きくなる。したがって，ヒーター周辺に配置された温度計の加電前の温度と加電後の温度との差を，各種の流速に対して求めておくことにより，その温度差から逆に流速を推定することが可能となる。

現地で使用した流向流速計の「地下水流速－温度差」の関係を実験的に求め，図7-10に示した。これはストレーナー開口率15％の場合の結果である。この図から回帰曲線を求めると次のようになる。

　　温度差が0〜5℃の場合　　$V = 2.2283 \times e^{-1.1362\Delta\theta}$
　　温度差が5℃以上の場合　　$V = 156.66 \times e^{-2.015\Delta\theta}$
　　　V：流速（cm/s），$\Delta\theta$：加電前と加電後の温度差（℃）

測定結果から，内周8本の温度計の温度が安定した段階の加電前後の温度差を求め，この値を上の式に代入することによって，地下水流速を推定することができる。なお，地下水流速が非常に遅い場合は，加電後の温度差が右肩上がりになることがある。この場合は，測定開始後1,000秒後の値を用いることにしている。

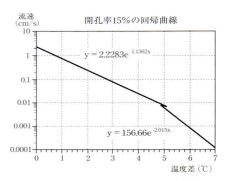

図7-10　「地下水流速－温度差」回帰曲線の例

> ここで一言

なお，この回帰曲線は使用している保孔管の開口率によって，大きく異なる。したがって，現地で使用されている保孔管の開口率と同様な保孔管を用いて，各種流速に対する実験を行い，新たな回帰曲線を作成する必要がある。

7－6　実施例

7－6－1　礫混じり粗砂層での例

礫混じり粗砂層で実施した例を図7-11に示す。図の左側は「温度差－時間曲線」

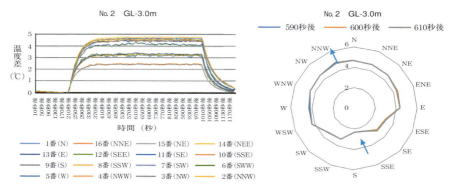

図7-11　礫混じり粗砂層での実施例

で，加電後温度差が安定した段階から加電オフまでの全平均温度差は3.91℃である。この値を回帰曲線式に代入すると，流速は3.20×10^{-2}cm/secとなる。

また，図の右側に示した任意時間における等温線図を見ると，測温体S番とSE番の間が最も低く，測温体N番とNW番の間が最も高い値を示している。このことから判断すると，測定深度周辺の地下水は南南東方向から流入して北北西方向へ流出していると推定される。

7－6－2　砂礫層での例

礫混じり粗砂層で実施した例を図7-12に示す。図の左側は「温度差－時間曲線」で，加電後温度差が安定した段階から加電オフまでの全平均温度差は2.17℃である。この値を回帰曲線式に代入すると，流速は2.31×10^{-1}cm/secとなる。

また，図の右側に示した任意時間における等温線図を見ると，測温体1番と2番との間が最も低く，測温体4番と5番の間が最も高い値を示している。これから判断すると，測定深度周辺の地下水は南南西方向から流入して北北西方向へ流出していると推定される。

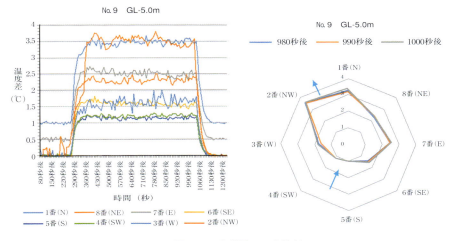

図7-12　砂礫層での実施例

7－6－3　粘土混じり砂礫層での例

粘土混じり砂礫層で実施した例を図7-13に示す。図の左側は「温度差－時間曲線」である。この図を見ると加電後測定回数が増すにしたがって温度差も増加している現象が認められる。このような現象は流速がかなり遅い場合に加電された熱が孔内に蓄積されて起きることが多い。このような場合は，ヒーターへの加電電圧を切る直前の値を平均して流速を推定することが多い。この図で加電電圧を切る直前の温度差は6.83℃である。この値を回帰曲線式に代入すると，流速は2.62×10^{-4}cm/secとなる。

また，図の右側に示した任意時間における等温線図を見ると，測温体5番と6番が最も低く，測温体1番と2番が最も高い値を示している。これから判断すると，測定深度周辺の地下水は南南東方向から流入して北北西方向へ流出していると推定される。

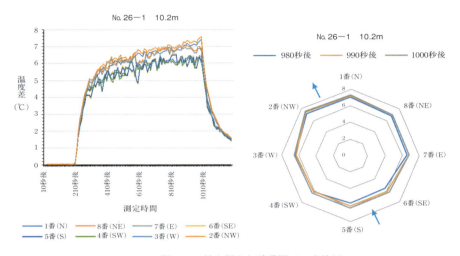

図7-13　粘土混じり砂礫層での実施例

第8章
流動地下水の季節変動

河川改修後の状況。手前は現在改修中。

山本（1970）は，「地下水は静止しているものではなく，絶えず流動の過程にあり，その性格も時期により，年によって変化するものである。であるから一回限りの調査ではなく絶えず何度も繰り返した継続調査を必要とするものである」と述べている。

しかし，現実には1回限りの調査結果をもって，各種検討を行うことが多い。そこで著者らは，ある測定現場で年に複数回多点温度検層および流向流速の測定を行い，地下水流動層の深度の変化状況，ならびに流向・流速の変化状況について検討を行った。なお，ここに記したものは，吉原（2013）によってなされたものである。

8−1 河川改修工事に伴う流動層存在深度および流向流速の変化

ある小河川で，洪水対策の一環として，河床を4m掘り下げる河川改修工事が実施されることになった。そこで，河川改修前，改修中および改修後の複数回にわたって，多点温度検層ならびに流向流速の測定を実施し，工事に伴う地下水への影響評価を行った（図8-1）。

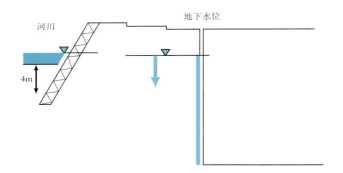

図8-1　河川改修工事計画

河川改修工事前の多点温度検層および流向流速測定結果を図8-2に示した。この結果を見ると，深度Gl-3.3m〜Gl-4.3mの区間に明瞭な地下水流動層が認められる。また，流向流速測定結果を見ると，地下水の流速は3.6×10^{-1}cm/secで，その流動方向は，北東方向から流入し，南西方向に流出していることが示された。この結果から，流動層に流れている地下水は，河川からの伏流水であることが示された。

次に，河川改修時における地下水の流動状況について検討する。河川改修時の測定結果を河川改修前の多点温度検層と対比して図8-3に示した。河川改修前と比較して，河川水位が2m低下し，孔内水位も深度Gl-2.6mから深度Gl-4.2mに低下している。多点温度検層の結果を見ると，工事前に認められていた流動地下水が工事後には認められていない。この結果から，河川改修工事が流動地下水に影響を与えたと推察される。

<第8章> 流動地下水の季節変動　113

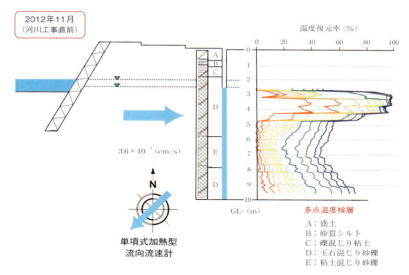

図8-2　河川改修工事前における地下水の流動状況
（温度復元率の表記を通常とは逆に，左を0%，右を100%にしてある）

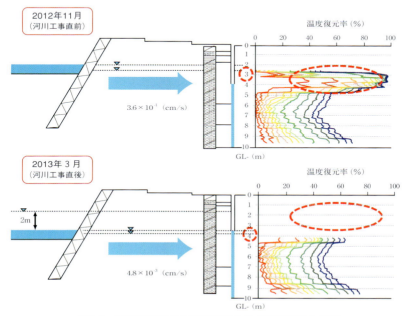

図8-3　河川工事直前と工事直後の多点温度検層の比較

次に，工事直前と工事5ヶ月後の多点温度検層の結果を比較すると（図8-4），両時期における河川水位の変化は認められないが，孔内水位は深度Gl-4.2mから深度Gl-2.5mへの上昇が確認できた。この段階で，多点温度検層を実施したところ，改修工事前とほぼ同一深度に地下水流動層の存在を確認することができた。この結果から周辺地下水の水位が工事前と同じ高さまで回復していることがわかり，地下水位が回復したことにより，河川改修工事前と同じ深度に流動地下水層も復活したものと推察される。

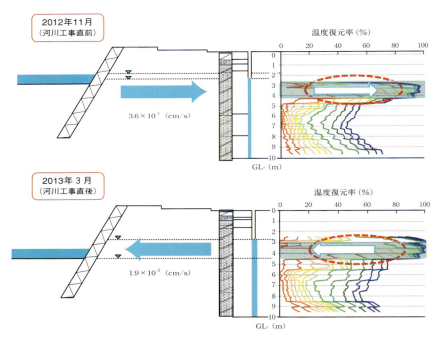

図8-4　改修工事直前と竣工5ヶ月後の多点温度検層の対比結果

また，河川改修工事前と工事後の流向流速測定結果を比較すると，図8-4の左図に示したように，ほぼ同じ深度に流動層の存在が確認できたが，流動地下水の流動方向が異なっていることが示されている。改修工事前は河川からの伏流水の流動が示されたが，工事後は孔内水位が河川水位より高いため，河川からの伏流水ではなく，観測地西側にある山の地下水が河川に流出していることが示されている。これらの結果から，河川工事などの人為的な要因による流動地下水への影響を評価することができたと考える。また，河床堆積物のように礫分が多い地層では，河川工事に伴う地下水への影響は，比較的早い時期に復元されることが示された。

8－2　2つの小河川に挟まれた土地の流動層存在深度および流向流速の季節的変動

　ある地方におけるO小河川とA小河川に挟まれた区域の地下水の流動状況が季節によってどのように変化するかについて検討するために多点温度検層と流向流速の測定を複数回実施した例について述べる。

　図8-5の左図に示したように，温度復元率を見ると，全層はほぼ一様に流動層が存在しているように見える。そこで，流動層の存在深度をより明確に把握する1つの試みとして「温度復元速度」という概念を取り入れてみた。これは図の上に式で示したように，昇温させられた温度が自然状態に戻るまでの状況を時間ごとの温度復元の速さとして示している。

　図の表示も，温度復元率は時間ごとの割合を累積した値を表示しているのに対し，温度復元速度はその時間ごとの温度復元の割合をプロットしているので，流動地下水の存在深度をより確認しやすい図となっている。

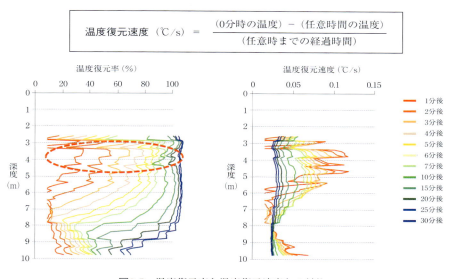

図8-5　温度復元率と温度復元速度との対比

　まず，3月と9月の観測結果を比べると（図8-6），3月は深度GL-4mを中心として，9月は深度Gl-6mを中心として，それぞれ顕著な地下水流動層が検出されている。一方，それぞれの流動層を対象として，流向流速を測定したところ，3月にはO川からA川に向かって4.1×10^{-2}cm/secで流動しているのに対して，9月には逆にA川からO川に向かって5.4×10^{-1}cm/secで地下水が流動していることが示された。ちなみに調査時点における両河川の水位を計測したところ，3月ではO川の方がA川よりも水位が高く，9月には逆にO川よりもA川の水位が高いことが示されてい

る。この結果から推察すると，O川の水位の方が高いときはO川からA川の方向に，A川の水位が高いときはA川からO川の方向に地下水が流動していると推察される。3月に比べて9月の流動層の存在深度が深い原因については後述する。

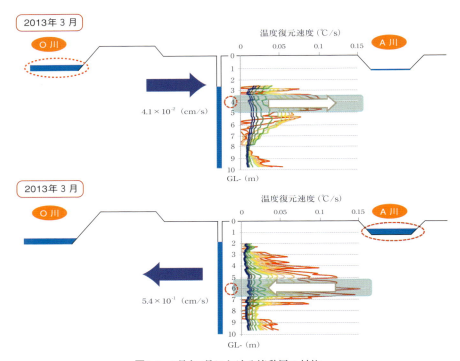

図8-6　3月と9月における流動層の対比

次に，10月と12月の観測結果を比べると（図8-7），先ほどと同様にA川の水位の方がO川の水位よりも高い間は，深度Gl-6mを中心として流動層が存在し，その水はA川方向からO川方向に向けて流動していることが示されている。一方，12月に入ると，O川の水位がA川の水位よりも高くなり，流動層の存在深度も3月の場合と同様に深度Gl-4mを中心としたものになり，地下水の流動方向もO川方向からA川方向に向けて流動していることが示されている（図8-7）。

これらの河川水位の変動は農業用水の取水期や渇水期など季節的要因に負うところが大きいと推察される。それに連動して，流動地下水も夏の取水期や冬の渇水期などの季節変動をしていると推察される。今後機会を得て，豊水期の浅層部の流動方向，渇水期の深層部の流動方向に関する情報を得たいと思う。

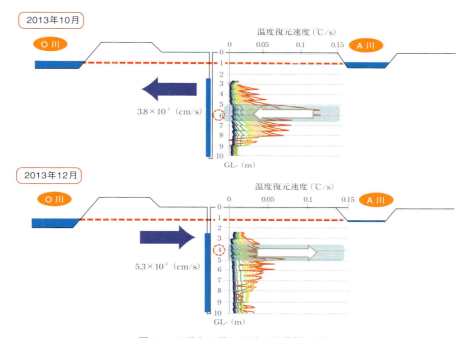

図8-7　10月と12月における流動層の対比

　夏季の豊水期には，流動地下水の向きだけでなく，流動層の存在する深度が変化していることが示された。この理由の一つとしては，以下のことが推察される。観測結果と地形条件などから仮説を立てるとすると，今までは由来となる河川水位の違いによる流動方向の変化だけを見てきた。しかし，地下水流動層の存在深度が夏季の豊水期などの雨が多く降る季節に深くなることから，河川水位の相互作用の要因だけではないと考えられる。A川の西側に位置する山地からの地下水流出が，図8-8に示すように地中を浸透し，流動地下水に影響を与えていると推定される。た

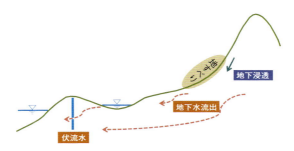

図8-8　豊水期に深部に流動層が形成される原因

だ，その流動が弱いために，O川の水位が高いと，その伏流水の浸透力が勝り，浅層流動層が卓越して検出されるものと推察される。

以上の事例に述べたことから，地下水の流動状況は，人為的な要因あるいは豊水・渇水など自然的な要因によって，大きく変化することが明らかとなった。

これらのことから，山本（1970）が述べているように，一回限りの調査結果に基づいて，地下水流動層存在深度あるいは流動方向・流動速度などについて，各種検討を行うことの危険性を十分に認識することができる。地下水調査は条件の異なった時季（例えば，豊水期と渇水期）に最低でも2回は実施し，その実態を把握した上で各種の議論に供すべきではないかと考える。

第9章

地下水調査のための観測孔の仕上げ方

地下水流動状況を観察するためには，ボーリングを掘削した後の仕上げが大切。

昨今，ボーリング孔を用いた地下水調査が多用されているが，そのボーリング孔の仕上げ方に多くの問題があるのを散見する。孔内を利用した地下水調査の手法は各種あり，それぞれによってボーリング孔の仕上げ方は異なるとは思う。しかし，肝心なことは掘削される土層・地層と同様な孔壁に仕上げることだと考える。地質調査用のボーリングではコアーを採取することに重きが置かれているため，地下水調査のための観測孔の仕上げ方に関してはあまり関心が払われていないのが現状である。

今日まで，観測孔内仕上げに注意を払われていなかったボーリング孔を利用して，各種の地下水調査が実施されてきていた。このために，本来であれば地下水流動層が存在するはずの地層においても全く流動層が検出されない。あるいは，想定していたものとは異なった流速や流動方向が検出されるなど，その検層あるいは測定結果に疑念を抱かせることが多かった。その結果として，孔内を利用した地下水調査法に対する信頼性が低下し，その実施自体が敬遠される状況になりつつある。

実際に経験した観測孔の仕上げ方に関心が払われていなかった観測孔の例として，次のようなことがある。

- 80m掘削して，孔底から50mまでスライムなどで埋没している。
- 間詰めをしたというが，保孔管がフラフラしている。
- 孔内洗浄をしたというが，上がってくる水は泥水状態等々。

この原因を探ったところ，次のようなことが原因ではないかと推察された。
- 地下水調査のための観測孔の仕上げ方に関するマニュアルがない。
- 依頼する側に地下水調査用の仕上げ方に関する認識が薄い。というより殆どない。
- 地下水調査のための観測孔の仕上げに関する経費が認められていない。

このような状態を少しでも改善することを目的として，地温調査研究会*（会については，139頁を参照）では「地下水調査のための観測孔の仕上げ方委員会**」を設置し，様々な検討を行ってきた。以下その結果について述べる。

当委員会ではボーリング孔を利用して地下水調査を行う場合の，観測孔の仕上げ方，保孔管の開口率，フィルター材，間詰材と間詰めの仕方，各種の地層・土層に最適な孔内洗浄の方法，さらにこれらに関わる経費の算定法を議論し，一定の指針を提案してきている。以下に，当委員会で検討され，得られた成果について述べる。

9-1 観測孔仕上げ方の現状

現在，地下水に関する観測孔の仕上げ方がどのような方法で実施されているかについての情報を得ることを目的としてアンケート調査を行った。その結果の概要は次のようになっている（図9-1）。

なお，観測孔の条件として，次の4つを想定した。
① 水位観測のみ
② 地下水流動層検層実施可能
③ 流向流速測定実施可能
④ 土壌汚染・地下水汚染調査用観測孔

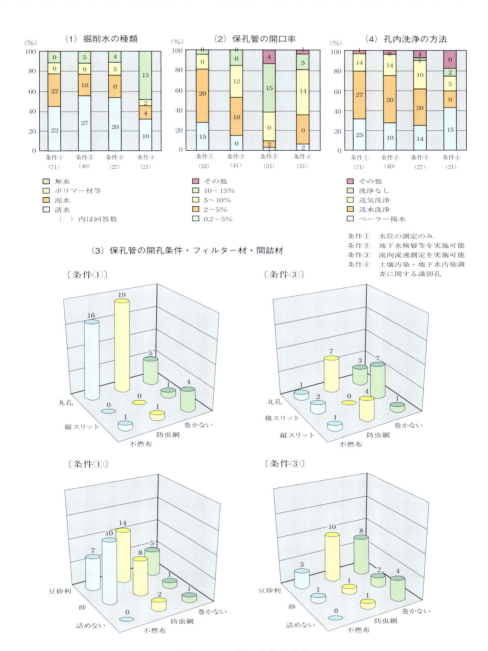

図9-1　アンケート集計結果

1）掘削水の種類
　・条件①〜③は「清水」が40〜50％
　・条件④は「無水」が50％程度
2）保孔管の開口率
　・条件③は開口率「5％以上」が90％程度
　・条件①，②，③になるにしたがって，開口率が高くなっている
3）保孔管の開口条件・フィルター材・間詰材
　・条件①は「丸孔・不織布あるいは防虫網・豆砂利あるいは砂」が多い
　・条件③は「丸孔・防虫網・豆砂利」あるいは「横スリット・巻かない・豆砂利」が多い
4）孔内洗浄
　・条件①〜③は「送水洗浄」の割合が多く，次いで「ベーラー揚水洗浄」が多い

　このように，ボーリング掘削による観測孔の仕上げには多種多様な方法がある。このような状況下で実施した地下水調査によって得られた諸数値を基にして，地下水に関わる分析や解析が行われているのが現状であることが明らかとなった。
　「地下水調査のための観測孔の設置や仕上げ方に関するマニュアル」が存在しないために，各社・各技術者によって，様々な方法で観測孔が設置されている。本来であれば，観測孔を設置するには，孔壁をボーリングで掘削する前と同様な状態に仕上げることが重要であり，統一した基準を定めておく必要があるはずである。
　観測孔を仕上げるためには，それぞれの調査目的に合わせて，掘削孔径・掘削流体・保孔管の内径・保孔管の材料や加工方法（ストレーナー加工の種類・開口率・フィルター材）・間詰材・洗浄（方法と時間）を適切に選択する必要がある。
　そこで，当委員会では，地下水観測孔の仕上げ方の最適条件を検討するために，図9-2に示すように，室内（水槽）実験・現場実験を実施した。

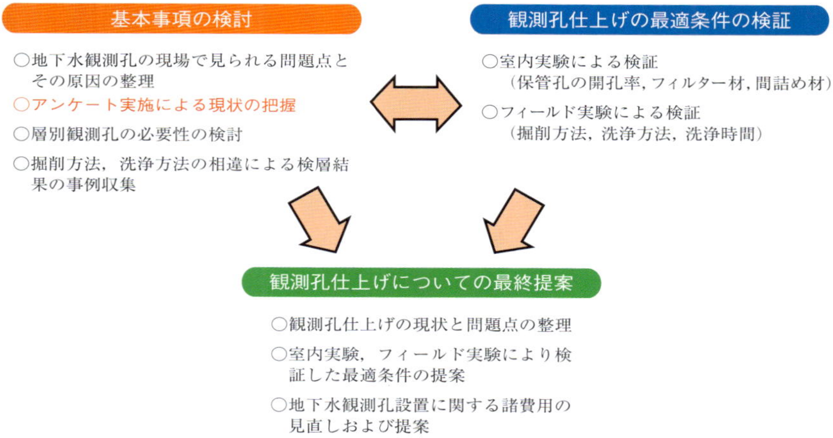

図9-2　検討の流れ

9－2　ボーリング掘削孔径

　地下水調査用の観測孔を設置するためには，適切なボーリング掘削孔径を選択する必要がある。現在実施されている観測孔仕上げにはどのような掘削孔径で行われているかについて，前節で述べたアンケート結果の中で，ボーリング掘削孔径についてまとめたものが図9-3である。

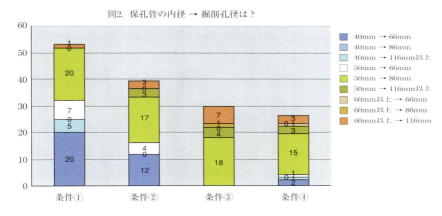

図9-3　掘削孔径に関するアンケート結果

　ボーリング孔の掘削孔径については，挿入する保孔管の径はもとより，実務的にはボーリング調査に伴い実施する試験・サンプリングおよび孔の掘削深度等にも制約されることになる。実態調査の結果では，単に地下水位の観測だけを目的とした観測孔ではVP40〜VP50の保孔管を選択するケースがほぼ半々であるが，地下水流動層検層や流向・流速測定を実施することを目的とした観測孔ではVP50の保孔管を選択するケースが多くなることがわかる。また，保孔管とボーリング掘削孔径との関係については，「保孔管VP40×掘削孔径66mm」および「保孔管VP50×掘削孔径86mm」の組合せが選択されているケースが大半であった。少数ではあるものの「保孔管VP50×掘削孔径66mm」というクリアランスが非常に小さい組合せとして選択されているケースも存在している。
　アンケートに伴い自由記載の特記コメントで情報を収集する中では，例えば「保孔管VP50×掘削孔径86mm」と回答したケースで，孔壁の崩壊防止や間詰材の充填のために実際には径97mm以上のケーシングで保孔したような場合でも，その費用は企業努力で対応することになるという回答が多く寄せられた。
　このようなことから，地下水流動層検層等を実施することを目的とした観測孔をより良い条件に仕上げるために必要となるボーリング掘削孔径について検討した。
　より良い観測孔仕上げのための掘削孔径を検討する上では，(1) 保孔管の径および (2) 間詰材の粒径を考慮する必要がある。

保孔管の径については，調査や試験の目的に応じて，多くの場合VP40（外径≒48mm）またはVP50（外径≒60mm）の保孔管が選択されることとなるようである。
　観測孔仕上げの際に投入すべき間詰材の条件については，関連する室内実験的考察で詳述するが，もとの地盤材よりも粗な粒度特性の材料を用いることが望ましいことから，多くの場合，粗粒砂（径2mm未満）～砂利（径2～10mm）程度の材料が間詰材として選定されることとなる。

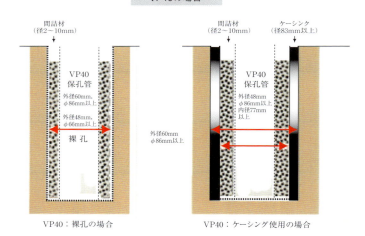

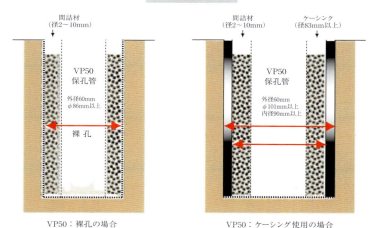

図9-4　ボーリング掘削径と観測孔仕上げの例

これら管径や投入される間詰材の粒径を考慮した上で，実務上の観測孔仕上げ作業に支障が出ないように保孔管と裸孔やケーシングの孔壁との間にある程度のクリアランス（両側10mm程度以上）を確保するためには，図9-4の仕上げ例に示すような掘削孔径を推奨する。
　また，ケーシングによる孔壁の崩壊防止が必要となる場合は，VP40を挿入する場合で径86mm以上，VP50を挿入する場合で径101mm以上の掘削孔径を採用するなど，状況に応じて挿入管と孔壁とのクリアランスを考慮する必要がある。上記に例として示したVP40またはVP50より大きな径の保孔管や径10mmを超える粒径の間詰材を用いるような場合も同様に個別条件に合わせた配慮が必要である。
　地下水の挙動を把握するために行われる各種の試験（例えば，地下水流動層検層，流向・流速測定等）を実施することを想定し，さらに間詰材を投入することを前提とした観測孔仕上げを行う場合の推奨掘削孔径および留意点について，以下に示す。

・挿入する保孔管がVP40（外径≒48mm）の場合は，内径で66mm以上の掘削孔径を選択する。
・挿入する保孔管がVP50（外径≒60mm）の場合は，内径で86mm以上の掘削孔径を選択する。
・ケーシングによる孔壁の崩壊防止が必要となる場合は，状況に応じて保孔管と孔壁とのクリアランスを考慮する。

9－3　観測孔仕上げの諸条件を決めるための実験

　多点温度検層や地下水流向流速測定などに代表される地下水観測孔を利用した地下水調査では，観測孔の設置方法が調査結果に大きな影響をおよぼすと推察される。ここでは，より良い観測孔の仕上げ方の提案を念頭に，観測孔の設置方法として，保孔管のストレーナー加工の形状，開口率，孔壁と保孔管の隙間に充填する間詰材，ストレーナーの目詰まり防止を目的としたフィルター材などの観測孔を構成する要因に着目し，それらの要因が観測孔としての良否に与える影響について，室内実験により検討した。

9－3－1　実験装置

　実験に用いた水槽は，4-2で用いた水槽を使用した。写真9-1に示すように，高さと幅はそれぞれ60cm，長さ150cmで，この中に地盤材を詰め，水槽の中心部にボーリング孔に見立てた塩ビパイプVP100を設置してある。塩ビパイプには丸孔（φ5mm）で開口率約12%のストレーナー加工を施してある。この塩ビパイプの中に種々の条件で地下水観測孔を設置した。水槽の両端に水頭差を与えて流速を発生させ，観測孔内に単孔式加熱型流向流速計を設置して各種の条件下で測定を行った。その結果得られた温度の変化傾向を調べることで，観測孔構成要因の影響を評価した。

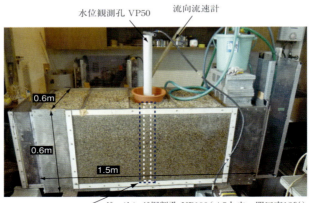

写真9-1　水槽実験装置と流向流速測定器の外観

9－3－2　実験方法

　実験では塩ビパイプVP50を地下水観測孔とし，観測孔のストレーナー加工形状として丸孔と横スリットタイプを適用した。これらの内，丸孔加工のパイプには，フィルター材としてネット（PEネット＃25）と不織布を選択した。

　VP100とVP50の隙間に充填する間詰材は，砂と砂利を用いた。また，地盤材としては，間詰め材の粒度とは異なる砂と砂利を選択した。

　上記に記した観測孔構成要因を様々に組み合わせて，種々の地下水流速のもとで実験を行った。今回実施した実験条件を表9-1に示した。実験回数は153回に達した。なお，本表に記されている流速は，地下水流発生時に与えた流量とVP100の設置付近の水位および地盤材の間隙率から求めた実流速である。

表9-1　実験条件

ストレーナー加工		フィルター材	間詰材	地盤材	地下水流速
形　状	開口率				
丸　穴	1% 10% 13%	PEネット＃25 不織布	砂 砂利	砂	4.9×10^{-5} m/s 2.2×10^{-4} m/s
横スリット	5% 10%	なし		砂利	3.3×10^{-5} m/s 4.2×10^{-4} m/s 8.4×10^{-3} m/s

9－4　フィルター材

　フィルター材の良否を検討するために行った実験結果を図9-5に示す。これは，観測孔内における温度上昇量の時間推移を示したものである。これらの図は，流向流速計の個々の測温体のヒーター加熱前温度からの変化量を平均し，時系列的に

<第9章> 地下水調査のための観測孔の仕上げ方

表示したものである。各グラフとも，縦軸は温度変化量（℃），横軸は流向流速計を観測孔内へ設置してからの経過時間（秒）を表している。同一の地盤材，間詰材および地下水流速ごとにとりまとめてある。また，凡例中の記号の意味は以下のとおりで，全ての図において共通である。

1-b：丸穴加工，開口率1%，ネット巻　　1-f：丸穴加工，開口率1%，不織布巻
10-b：丸穴加工，開口率10%，ネット巻　10-f：丸穴加工，開口率10%，不織布巻
13-b：丸穴加工，開口率13%，ネット巻　13-f：丸穴加工，開口率13%，不織布巻
NP：観測孔を設置せずに観測

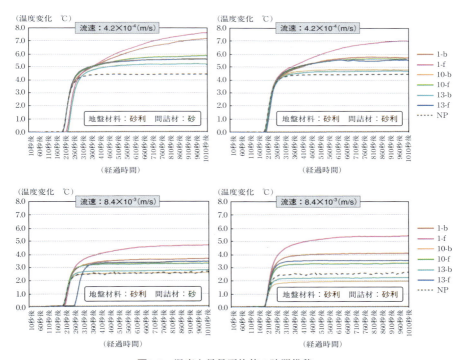

図9-5　温度上昇量平均値の時間推移

　実験では，比較のために，VP100内に観測孔を設置しない状態（凡例：NP）での温度変化も得ている。この時の温度変化は，地下水観測孔といった抵抗物の影響がない状態での温度変化であることから，この温度変化に近い観測孔の仕様ほど，実地盤の状態をより正確に捉え得ると考えられる。このような観点に立って各実験ケースを見ると，いずれの実験ケースとも，同一の開口率に対しては，ネット巻（凡例の○○－b）を用いた方が不織布巻（凡例の○○－f）よりも「NP」状態の温度変化により近接した結果が得られていることがわかる。この結果から，スト

レーナー加工の目詰まり防止用フィルター材を用いる場合は，不織布よりもネットのほうが効果的であるといえる。参考までに，実験で用いたフィルター材を**写真9-2**に示した。

写真9-2　実験に使用したフィルター材

9－5　ストレーナー加工

　各保孔管内における単孔式加熱型流向流速計の温度上昇量平均値の時間推移を表わしたグラフを**図9-6**に示す。開口率の違いに着目すると，各流速とも開口率が10％以上の保孔管の方が自然状態（NP）に近い温度上昇量を示していることがわかる。特に流速が最も遅い3.3×10^{-5}m/sの実験結果では，開口率の低い1-bとs5の温度上昇量が大きく，保孔管が地下水流を阻害している状況が顕著に表われている。

　次にストレーナー形状に着目すると，流速が10^{-4}m/sオーダー以上になると横スリット加工のs5よりも丸穴加工の1-bの方が，開口率が低いのにも関わらず温度上昇量が相対的に小さくなっている。開口率の大きなs10と10-b・13-bの比較でも，同様に丸穴加工の方が自然状態に近い傾向がみられる。したがって，10^{-4}m/sオーダー以上の流速では横スリット加工よりも丸穴加工の方が，地下水流に対する抵抗が小さいと言える。

　さらに同じ丸穴加工の10-bと13-bを比較した場合，4.2×10^{-4}m/sの流速では，両者とも同程度の温度変化特性を示すが，3.3×10^{-5}m/sと8.4×10^{-3}m/sの流速を与えた場合では，開口率の高い13-bの方が10-bよりも温度上昇量が若干大きくなっている。この結果は，開口率の高い13-bの方が保孔管としての抵抗が増す傾向にあることを示している。

　両保孔管に加工されている穴の列数は同じであるが，穴の径と一列当たりの穴の個数が異なり，13-bの方が一個当たりの穴径が6mmと大きく一列当たりの穴数が少ない。逆に10-bは，穴径が5mmと小さいが一列当たりの穴数が多い（前出126頁の表9-1，**写真9-3**）。

<第9章> 地下水調査のための観測孔の仕上げ方

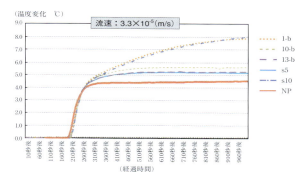

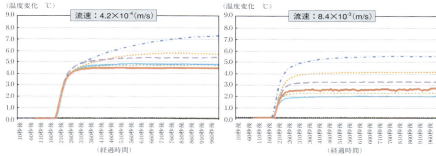

図9-6　温度上昇量平均値の時間推移

写真9-3　ストレーナー加工状況

ここで，保孔管内を通過する地下水流動経路を考えてみる。図9-7は，同じ開口率で穴径と穴数が異なる2種類の保孔管内の地下水流動経路を模式的に表したものである。(a) 図は穴径が大きく穴数が少ない状況を，(b) 図は穴径が小さく穴数が多い状況をそれぞれ表している。この場合，(b) 図のように穴数の多い方が，図中に矢印線で示すように地下水流路上に保孔管の穴が分布する可能性が高い。このように，地下水流路上に穴が並ぶことにより保孔管の抵抗が軽減され，地下水が保孔管内を円滑に流動できると考えられる。一方，(a) 図のように穴数が少ない場合は，地下水流路上に穴が並んで分布しない可能性が高くなる。このような状況では保孔管内における地下水の流れが阻害されやすくなり，円滑に流動できにくくなる。

すなわち，今回の実験結果のうち，10-b よりも 13-b の方が保孔管としての抵抗が増加したケースは，図9-5のような状況に当てはまるのではないかと推察される。したがって丸穴加工の保孔管は，同じ開口率では，穴の径を大きくするよりも数を多くする方が地下水流動をより効果的に捉えることが可能になると考えられる。

本実験により，自然状態により近い地下水の挙動を観測孔内で捉えるためには，保孔管のストレーナーの開口率は10%以上が必要で，10^{-4}m/s オーダー以上の流速では，ストレーナーの形状は横スリット加工よりも丸穴加工の方が良い結果が得られることが判明した。さらに丸穴加工の場合，同じ開口率では，穴径を大きくするよりも穴数を多くする方が地下水流動をより効果的に捉えられる可能性が高いことが示唆された。

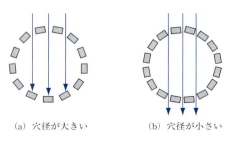

(a) 穴径が大きい　　　(b) 穴径が小さい

図9-7　保孔管内の地下水流動経路の概念図

9-6　間詰材

ボーリング掘削孔径，保孔管開口率，フィルター材の最適なものが選択されると，次に問題となるのは，ボーリング孔と保孔管との隙間に入れるいわゆる「間詰材」に何を選択するかである。

実験に使用した地盤材および間詰材については，それぞれ粒度特性の異なる砂利と砂を用い，粒度は間詰材の方が地盤材よりも粗粒なものを用いた。図9-8に各材料の粒度特性を示す。また，写真9-4には間詰材として用いた砂利と砂を示す。これらは，特別に粒度調整されたものではなく，一般的に入手可能な市販品を使用し

たものである。なお，室内実験の具体的な方法と実験装置については，9-3で述べているので，これを参照されたい。

実験は地盤材と間詰材の組み合わせからなる4つのケースに，砂地盤に対しては2つの流速を，砂利地盤に対しては3つの流速を与えた。さらに，ストレーナーの加工状況や開口率を変化させて，実験を行った。そのケース数は全部で153に及ぶ。ここではこれらのケースの中から，いずれも丸穴加工・ネット巻で開口率10％と13％の条件の基に，砂利地盤に対しては流速4.2×10^{-4}m/sを，砂地盤に対しては流速2.2×10^{-4}m/sを，それぞれ与えた4つのケースの結果と，その結果から導かれる地盤材と間詰材との関係について述べる。

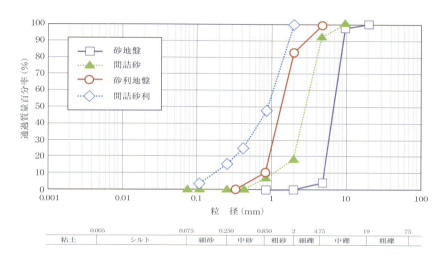

図9-8　実験に用いた地盤材と間詰材の粒度特性

写真9-4　実験に用いた間詰材

図9-9に実験の結果得られた「時間－温度変化」図を示す。この図において，ケース1とケース2の実験結果は，それぞれ同じ流速下での温度変化を示したものである。これらのうち，ケース1は間詰材の粒度特性が，地盤材のそれよりも細かな状況で，ケース2は逆に間詰材の粒度特性が地盤材よりも粗な状況である。両ケースにおいて，ケース2の方がより「NP」の温度変化に近い結果を示している。このことから，間詰材には地盤材よりも『粗』な粒度特性の材料を用いた方が観測孔として良質であることがわかる。

　それでは，どの程度『粗』な材料が適しているかを検討したのがケース3およびケース4である。どちらも地盤材よりも間詰材の粒度特性の方が『粗』なケースで，流速は同じ条件である。相違点は，ケース4の方がケース3よりも間詰材の粒度特性が地盤材のそれよりもより『粗』であるということにある。両ケースの温度変化図からわかるように，両ケースとも同じような温度変化を示し，目立った差異は認められない。このことは，間詰材には地盤材よりも粗な粒度特性の材料を用いるべきであるが，必ずしも極端に粗な粒度特性の材料を選定する必要はないことを示唆している。

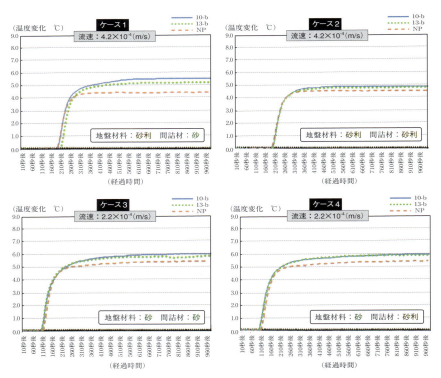

図9-9　温度上昇量平均値の時間推移（凡例記号の意味は以下の通り）
　　　　10-b：丸穴加工，開口率10％，ネット巻（PEネット♯25）
　　　　13-b：丸穴加工，開口率13％，ネット巻（PEネット♯25）

以上の実験結果から，精度の高い地下水観測孔を仕上げるためには，間詰材には地盤材よりも粗な粒度特性の材料を用いる方が効果的であることがわかった。ただし，極端に地盤材よりも粗な粒度特性の材料を選定する必要はないようである。

9－7 孔内洗浄

多点温度検層や地下水流向流速測定などに代表される観測孔を利用した地下水調査では，観測孔の設置方法が調査結果に影響を及ぼす一因として挙げられる。具体的には観測孔の掘削において，掘削流体の種類によらず掘削によって，孔壁に泥壁などの地下水の流れを阻害する膜が形成される可能性がある。したがって，正しい地下水の流れを検出するためには，この地下水流阻害物を完全に除去する必要がある。そこで重要となるのが，孔内洗浄の方法とその時間である。孔内洗浄は地層・土質の区別なく洗浄を行えばいいというものではなく，それぞれの地層・土質に適した洗浄を行うべきである。ここではより良い観測孔の仕上げ方の提案を念頭に，観測孔の設置方法のうち，孔内洗浄とその時間について実験例を示し洗浄効果について検討・考察する。

9－7－1 代表的な孔内洗浄方法とその留意点
孔内洗浄の主な方法として「ベーラー等による揚水洗浄」，「送気（エアーリフト）洗浄」，「送水洗浄」が挙げられる。洗浄方法の概要と留意点を以下に示す。
・ベーラー等による揚水洗浄：ベーラーまたは簡易なポンプ等を用いて，孔内水を揚水し排水することにより，周辺の地下水を孔内に集水することで孔壁を洗浄する方法。ベーラーの上げ下げの際，ベーラーを急激に引き上げることにより孔内に著しい負圧が生じないように注意する。場合によっては，負圧により孔壁が崩壊する虞がある。
・送気（エアーリフト）洗浄：コンプレッサー等を用いて観測孔内にエアーを送り込むことにより，孔壁の除去と孔内を洗浄する方法。高圧エアーを送り込む際の圧力設定については，十分な注意を払う必要がある。圧力が強すぎると，孔壁を破壊してしまい，本来の流動層の経路を破壊してしまう虞がある。エアーを送り込むホースは，単管構造またはエアーホースと孔内水を排出するホースの二重管構造としたものなどが用いられる。また，エアーを送る深度は，一定の深度に止めるのではなく，洗浄を実施する区間全体にゆっくりと上下させるのが効果的である。
・送水洗浄：ポンプ・ホース等を用いて清水を孔内に注入し，その水流により孔内を洗浄する方法。他の二つの手法と比べると機材が簡易なもので済み，孔内水の濁りが比較的少ない清水掘りの岩盤孔等で効果的である。送水洗浄も送気洗浄と同様に，洗浄を実施する区間全体に上下させることが効果的である。

9－7－2 洗浄実験事例および洗浄効果
上記の洗浄方法を用いて，地質の異なる観測孔で孔内洗浄を行うとともに，洗浄の前後で多点温度検層を行い，両者の結果から洗浄効果を検討した。図9-10と

図9-11は，砂質土・礫質土系地盤において，同一孔で洗浄方法を変えた結果，図9-12は亀裂性岩盤における2孔の洗浄結果である。なお，洗浄前後のデータは，それぞれ温水投入30分後のデータである。横軸は温度復元率（％），縦軸は深度（GL-m）を示す。

1) 砂質土系地盤での洗浄実験（図9-10）では，「ベーラー洗浄」，「送気洗浄」の順に実施した。その結果，検討対象となるGl-6.0〜Gl-8.5mとGl-10.9〜Gl-13.8mの区間では，ベーラー洗浄では温度復元率の上昇がみられたのに対し，その後実施した送気洗浄では，弱い流動層付近で温度復元率の低下がみられた。これは送気洗浄時に大きな圧力をかけたことにより，流動層が破壊されたか，あるいは強い圧力により，細粒物が流動層内に入り込み，目詰まりを起こしたことによるものと推察される。

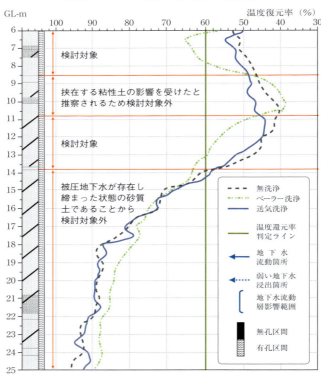

図9-10　砂質系地盤の洗浄実験結果
（ベーラー・送気洗浄の比較）

2）礫質土系地盤での洗浄実験（図9-11）では，「送水洗浄」，「送気洗浄」の順に行った。その結果，送水洗浄後ほぼ孔全体で温度復元率が低下し，さらに送水洗浄を追加するとより低下している。これは送水洗浄を行ったことで，礫質土中の間隙に泥膜の破砕されたものが送り込まれたことにより目詰まりを起こし，温度復元率が低下したと考えられる。その後行った送気洗浄では流動層が回復している。しかし，長時間行うと3～4m付近と8m以深に温度復元率の低下が見られた。この原因として，上部は他の深度よりもルーズな状態であり，下部は粘土分を多く含んでいたことから，目詰まりにより流動層を塞いでしまったものと推察した。

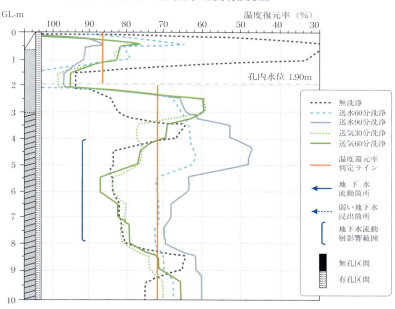

図9-11　礫質系地盤の洗浄実験結果
（送水・送気洗浄の比較）

3）亀裂性岩盤での洗浄実験（図9-12）では，「送水洗浄」と「送気洗浄」を行った。その結果，ほぼ全深度にわたって「送水洗浄」，「送気洗浄」ともに無洗浄の時よりも温度復元率の上昇が認められ，高い洗浄効果があったと判断した。

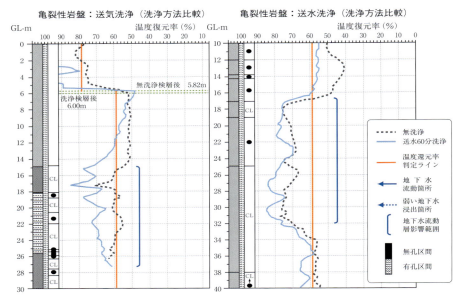

図9-12 亀裂性岩盤の洗浄実験結果
(送水・送気洗浄の比較)

4) 異なる掘削流体を用いて設置した観測孔において行った洗浄実験(図9-13)では、無洗浄と洗浄後9ヵ月経過した状態を比較した。透水性の高い礫質土に設置された観測孔であることから、洗浄後9ヵ月経過した観測孔(周辺孔壁)は、掘削前に近い状態まで回復していると推察される。両孔の結果を比較すると、洗浄9ヵ月経過した状態とベントナイト泥水を使用し掘削した直後(無洗浄)は大きく異なり、ポリマー系掘削流体を使用し掘削した場合は、掘削直後(無洗浄)にも関わらず洗浄後9ヶ月経過した状態にほぼ近い状態となっている。これは、ベントナイト泥水を使用した場合、ポリマー系循環水と比較し厚い泥壁が形成されやすいためと推察した。

5) 孔内洗浄の実施時間については、現段階では明確な基準値を示すことは困難である。孔内洗浄を終了する基準について明確な指標がないことから、実務的には排出される孔内水の濁りがなくなった時点で洗浄作業を終了するのが一般的である。洗浄実験において、ポリマー系掘削流体を用いた観測孔でベーラーによる揚水洗浄を実施した場合、掘削深度10mの場合、約2時間程度で孔内水の濁りがなくなった。このことから、掘削深度にもよるが、洗浄時間のおおよその目安は「2時間」程度とすることを推奨したい。直接的な比較はできていないが、実験結果から地質別に着目した洗浄方法・使用する掘削流体また洗浄時間については、以下のことが提案できるようである。

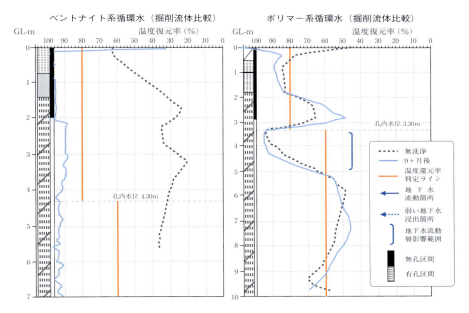

図9-13 異なる掘削流体を用いた観測孔の多点温度検層結果
(左:ベントナイト泥水使用,右:ポリマー系循環水使用)

- 砂質土系の地盤に対しては,「ベーラーによる緩慢な繰り返し洗浄」を推奨する
- 礫質土系の地盤に対しては,「送気(エアーリフト)洗浄」を推奨する
- 亀裂性岩盤に対しては,「送水洗浄」を推奨する
- 観測孔設置に使用する掘削流体は,「ポリマー系循環水」の使用を推奨する
- 孔内洗浄の実施時間については,洗浄時間のおおよその目安を「2時間」程度とすることを提案する

9－8 観測孔仕上げのための諸条件の検討のまとめ

上記の各種実験結果を検討した結果に基づいて以下の提案を行った。

9－8－1 掘削孔径,開口率,フィルター材,間詰材

1) ボーリング孔掘削孔径
   - 削孔口径はϕ86mmまたはϕ116mmとする→挿入する塩ビ管の径はVP50mmまたはVP40mmが望ましい。これは,間詰材を入れることを考慮したことによる提案である。
2) 保孔管の開口率
   - 実地盤の挙動により近い現象を観測孔内で捉えるには,開口率≧10%程度は必要である。

- 開口率が同じ場合，スリット加工よりも丸穴加工のほうが概ね良好な結果が得られる。この傾向は，地下水の流速が大きいほど顕著である。
- 砂地盤による実験では，丸穴10％，丸穴13％，ネトロンパイプに関して保孔管としての効果に差異が少ないことがわかった。
- 保孔管の孔の開け方は5～6mmの丸孔または0.5～1.0mmのスリット加工を推奨する。

3) フィルター材
- 保孔管にはPEネットを巻く。ストレーナー加工の目詰まり防止用フィルター材には，不織布よりもPEネット（#25程度，防虫網）のほうが有効である。

4) 間詰材と間詰めの仕方
- 孔壁との隙間充填材には，地盤材よりも粗な粒度特性の材料を用いると良好な結果を得ることができる。このことから，孔壁との隙間を埋める間詰材としては，砂よりも砂利のほうが効果的である。
- ただし，必ずしも極端に粗な粒度特性の充填材を選定する必要はない。粗にすればするほど効果が得られるわけではないようである。
- 崩壊しない岩盤の場合は，孔壁充填材を必要としない。
- 間詰めに使用する砂利は ϕ 5～6mmの豆砂利を推奨する。
- 間詰めの投入に際しては，ケーシングを引き上げながら砂利を投入すると，良好に間詰めすることができる。

9－8－2 孔内洗浄の仕方

孔内洗浄の方法については，現段階で残された課題が多く，画一的な推奨方法を提示する段階に至っていない。現在までに得られた検証結果は以下の通りである。

a) 掘削流体
- 洗浄効果の検証結果から，より良好な地下水観測孔を設置するためにはベントナイト泥水よりもポリマー系循環水を用いることを推奨する。

b) 洗浄効果
- 感覚的には，ベントナイト泥水の掘削孔をポリマー系循環水の掘削孔と同等の洗浄状態にするには，約2倍の洗浄時間が必要と考える。当然のことながら，観測孔の深度，孔内水位の存在位置により一様ではない。

c) 洗浄方法
- 直接的な比較はできていないものの，砂礫地盤に対してはベーラー洗浄よりも送気洗浄のほうが洗浄効果が高いと考えられる。なお，対象土質によっては一概に当てはまらない可能性がある。緩い砂地盤で送気洗浄を行ったところ，地下水流動層が潰されたことがある。
- 岩盤部では，送水と送気による洗浄との間には，その洗浄効果に明瞭な差異は認められなかった。

以上の検討結果から，今後検証の余地があるが，現時点での洗浄方法の目安としては以下の方法を提案することができる。
- 砂層などゆるい・柔らかい地層：ベーラーによる緩慢な繰り返し揚水洗浄

- 砂礫層：送気洗浄，空気突出口を孔内全体に上下させる。ただし送気圧には注意を要する
- 亀裂性岩盤：送水洗浄

以上述べたことを実施するためには，それなりの経費を必要とする。現在，ボーリング孔仕上げに関する諸経費はほとんど認められていないのが現状である。そのために各種の問題が起きてきている。これを防ぎ，より精度の高い地下水調査結果を得るためには，下掲の付表（1）～（5）に示したような経費を計上する必要があると考える。

* 「地温調査研究会」は，「会員相互の情報交換により，地温調査法の正しい普及と発展ならびに地下水に関わる諸問題解決に努め，会員の技術力の向上を図ることを目的とする」研究会であり，会員は北海道から九州まで分布し，2016年10月現在89名の会員を擁する。
** 「地下水調査のための観測孔仕上げ方委員会」のメンバー（あいうえお順）

秋山　晋二　：国際航業㈱
足立　直樹　：ハイテック㈱
五十嵐慎久　：キタイ設計㈱，技術士（応用理学）
岩瀬　信行　：キタイ設計㈱，技術士（建設・応用理学・総合技術管理）
門川　泰人　：㈲ジオクラフツ
酒井　信介　：㈱阪神コンサルタンツ，博士（工学），技術士（建設）
櫻井　皆生　：ハイテック㈱，技術士（応用理学）
武田　伸二　：ハイテック㈱，技術士（応用理学）
竹内　篤雄　：自然地下水調査研究所，理学博士，技術士（応用理学）
都築　孝之　：日本物理探鑛㈱，技術士（応用理学）
畑中　孝明　：芙蓉地質㈱
宮崎　基浩　：芙蓉地質㈱
山西　正朗　：日本エルダルト㈱，技術士（建設）

〔参考1～5〕
観測孔仕上げ並びに孔内洗浄に関わる経費（2014年の歩掛かりに基づく）

1）観測孔仕上げに必要な経費
- 地下水調査のためのボーリング孔の仕上げ方では，従来の観測孔の設置とは異なる材料を用い，十分な孔内洗浄を必要とする。
- このため，観測孔設置の歩掛り検討表と観測孔仕上げの歩掛かりを**付表1，2**に示す。

付表1　観測孔仕上げに関する歩掛かり検討表＜案＞

対象	区分		保孔管開口率	フィルター材	間詰材	孔洗浄方法
水位観測孔	土砂		0.5〜1.0%	ネット巻	φ5mm程度の砂利	ベーラー
	岩盤		0.5〜1.0%	なし	なし	送水
水質モニタリング孔（採水）	土砂	砂	0.5〜1.0%	ネット巻	φ5mm程度の砂利	ベーラー
		砂礫	0.5〜1.0%	ネット巻	φ5mm程度の砂利	エアリフト
	岩盤		0.5〜1.0%	なし	なし	送水
地下水流動層検層孔	土砂	砂	10%	ネット巻	φ5mm程度の砂利	ベーラー
		砂礫	10%	ネット巻	φ5mm程度の砂利	エアリフト
	岩盤		10%	ネット巻	φ5mm程度の砂利	送水
流向・流速測定孔	土砂	砂	10%	ネット巻	φ5mm程度の砂利	ベーラー
		砂礫	10%	ネット巻	φ5mm程度の砂利	エアリフト
	岩盤		10%	ネット巻	φ5mm程度の砂利	エアリフト

付表2　観測孔設置歩掛かり検討表＜案＞　　　（30m当たり）

種別	細別	単位	数量	単価	金額
人件費	地質調査技師	人	0.1	35,600	3,560
	主任地質調査員	人	0.5	29,900	14,950
	地質調査員	人	0.5	22,400	11,200
	普通作業員	人	1.0	15,800	15,800
材料費	VP-50	m	31.0	975	30,225
	ストレーナ加工費開口率(10%)	m	29.0	5.200	150,800
	ネット巻加工費	m	29.0	750	21,750
	φ5mm程度の砂利	袋	16.0	1.000	16,000
	孔口モルタル	m³	0.02	53,900	1,078
消耗品費	材料費計の3%	式	1.0	6,596	6,596
機器損料	ボーリングマシーン(100m型)	日	0.5	5,920	2,960
合計					274,919

2）孔内洗浄に関わる経費

孔内洗浄の歩掛りを提案する。
・孔内洗浄は，対象地質により方法が異なるため見積計上とする。付表3，4，5に示す。

<第9章> 地下水調査のための観測孔の仕上げ方

付表3　孔内洗浄歩掛かり検討表＜案＞　　（ベーラー洗浄／洗浄時間：2時間）

種　別	細　別	単位	数　量	単　価	金　額
人件費	地質調査技師	人	0.0	35,600	0
	主任地質調査員	人	0.25	29,900	7,475
	地質調査員	人	0.25	22,400	5,600
	普通作業員	人	0.25	15,800	3,950
機器損料	ベーラー	日	0.25	600	150
	ボーリングマシーン（100m型）	日	0.25	5,920	1,480
消耗品費	人件費計の1%	式	1.0	170	170
動力費	軽油	リットル	1.75	140	245
泥水処理費	実費	m^3	1.0		0
合　計					19,070

付表4　孔内洗浄歩掛かり検討表＜案＞　　（送水洗浄／洗浄時間：2時間）

種　別	細　別	単位	数　量	単　価	金　額
人件費	地質調査技師	人	0.0	35,600	0
	主任地質調査員	人	0.25	29,900	7,475
	地質調査員	人	0.25	22,400	5,600
	普通作業員	人	0.25	15,800	3,950
機器損料	ポンプ（2.2kw）	日	0.25	1,950	488
	ボーリングマシーン（100m型）	日	0.25	5,920	1,480
消耗品費	人件費計の1%	式	1.0	170	170
動力費	軽油	リットル	2.50	140	350
泥水処理費	実費	m^3	1.0		0
合　計					19,513

付表5　孔内洗浄歩掛かり検討表＜案＞　　（エアリフト洗浄／洗浄時間：2時間）

種　別	細　別	単位	数　量	単　価	金　額
人件費	地質調査技師	人	0.0	35,600	0
	主任地質調査員	人	0.25	29,900	7,475
	地質調査員	人	0.25	22,400	5,600
	普通作業員	人	0.25	15,800	3,950
機器損料	コンプレッサー（2.5m^3/min）	日	0.25	3,500	875
	ボーリングマシーン（100m型）	日	0.25	5,920	1,480
消耗品費	人件費計の1%	式	1.0	170	170
動力費	軽油	リットル	4.5	140	630
泥水処理費	実費	m^3	1.0		0
合　計					20,180

作業マニュアル整備の必要性

　ボーリング掘削によって掘られた孔を地下水観測孔として利用する場合は，それなりに仕上げた孔を用意する必要がある。

　しかし現場では，必要十分な孔がそう簡単に用意されているとは限らない。我々はアンケート調査などを行って，その原因をいろいろと調べてみた。その結果，会社によって，あるいは会社の中でも担当技術者によって実に様々な仕上げ方が行われていることがわかった。

　観測孔の仕上げは，それぞれの会社や技術者の指示にしたがって行われるのだが，実際にはほとんどの場合，ボーリングのオペレーター任せである。ボーリング屋さんは少しでも早くこの仕事を終えて，次の仕事に移りたい。身を入れて仕上げを行ってくれることはほとんど期待できない。その原因は，観測孔仕上げに関わる費用がほとんど認められていないことによる。このような状態なので，本章の「はじめに」で述べたような事態が起こることになる。

　遅々として改善されないことの全ての根源は，地下水調査のための観測孔仕上げに関するマニュアルが整備されていないことにあると思われた。そこで我々は，「地下水調査のための観測孔仕上げ方委員会」を立ち上げて，各種実験ならびに現地試験結果に基づいて，マニュアル案を提示することとした。特に，現在ほとんど支出されていない観測孔仕上げにかかる経費について，当委員会として検討してみた結果を付表1～5を案としてまとめた。

第10章
日本国内の地下水温

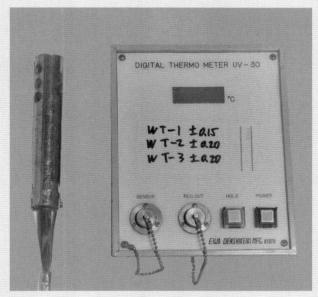

温度検層に用いた水温計

日本国内の地下水温の概略的な傾向は，これまでに高橋（1967）によって主に工業用水用井戸での測定結果からまとめられている。ただ，ここで述べられている水温の測定深度は20～240mでおもに50m以深について検討がなされている。

近年，地下浅層地熱（50m程度）を再生可能熱エネルギー資源として利用しようという気運が高まってきている（濱元他：2014）。そこで，著者はこれまでに北海道から沖縄まで各地（863箇所）で測定した4,726本の温度検層結果を整理し，日本における浅層地下水温（深度Gl-100m以浅）の傾向について検討した。

10－1　測定方法

地下水温は次の方法で測定した。水温計を用いた場合は，孔口から1，2mの深度にセンサーを下ろし，孔内温度に十分に馴染ませた後（約30分），孔内水位以深から孔底まで50cm間隔で測定した。また，多点温度検層センサーを用いた場合は，孔内にセンサーを挿入し，安定した温度を指示するに要する時間である30分程度放置した後，自然状態の温度を測定した。

10－2　全体的傾向

これまでに測定したボーリング孔の温度を現場ごとに整理したものを地域ごとに整理して附表1～附表9（170頁～192頁）に示した。これらの表には記号化された現地名と，緯度，経度，測定されたボーリング孔の本数，孔口の平均標高，測定されたボーリング孔の平均地下水温を示してある。

これまでの温度検層実施箇所の緯度を縦軸に，経度を横軸に取り，図示したものが図10-1である。測定地点は北緯46°～25°，東経127°～145°の広範囲に分布している。

図10-2に，地下水温を縦軸に，緯度を横軸に取ったものを示した。この図を見

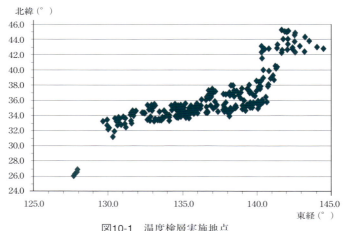

図10-1　温度検層実施地点

ると,日本全域では,北海道の6〜9℃の低温を示す地域から,沖縄の22〜25℃の高温を示す地域まで,非常に幅広い地下水温が示されている。大局的には,緯度と地下水温との間にはR=0.700(R:相関係数,資料数863点に対して,99%の優位性を持って相関性がある)という高い相関性が存在し,緯度1°あたり0.84℃の温度変化が認められている。

図中に示してあるR^2は,相関係数Rを二乗したものであり,「寄与率」と呼ばれる重要な量である。これは,xまたはyの一方の変動のうち,他方の変動で説明される割合を表す数値である。

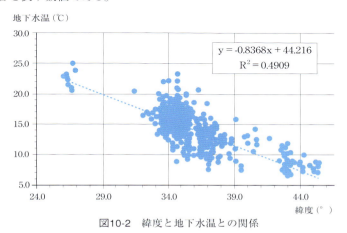

図10-2 緯度と地下水温との関係

図10-3に,地下水温を縦軸に,標高を横軸に取ったものを示した。この図を見ると,標高と地下水温との間にはR=0.471(資料数863点に対して,99%の優位性を持って相関性がある)の相関性が存在し,標高100mあたり0.67℃の温度変化が認められている。

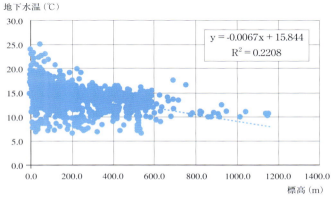

図10-3 標高と地下水温との関係

測定地点の標高出現頻度を図示したものが，図10-4である。この図を見ると，標高0～100mでの測定地点が多く全体の40.2%を占めている。また，標高300～600mで測定箇所の多少の増加が認められるが，これは地すべり地での測定点数が多いことによるものと推定される。これまでに集積された測定資料は，全国で863地点，4,726本（2015.4現在）である。最高標高は静岡県佐久間町の1155.0m，最低標高は大阪市旭区の-1.7mとなっている。全測定値の平均地下水温は14.45℃，最高地下水温は沖縄県伊江村の25.08℃，最低地下水温は北海道白糠町の6.71℃となっている。

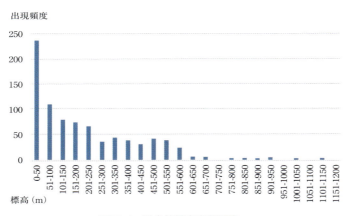

図10-4　測定値標高出現頻度

　海外で測定した地下水温を用いて同様な検討を行ってみた。
　イランでいろいろな標高において，地下水温を測定したので，その結果を図10-5に示す。その結果によると，100m当たりの温度変化は0.96℃で，日本よりも大きな値を示している。標高と地下水温との相関係数も0.76と高い値が示されている。

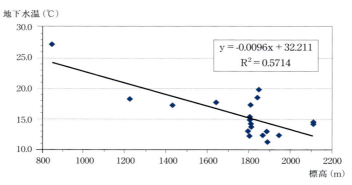

図10-5　イランにおける標高と地下水温との関係

中国の奥地タリム盆地においても，いろいろな標高で地下水温を測定した。その結果を図10-6に示した。この結果によると，100m当たりの温度変化は0.56℃で，日本よりもやや小さな値を示している。標高と地下水温との相関係数も0.92と高い値が示されている。

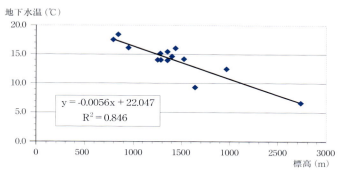

図10-6　中国タリム盆地における標高と地下水温との関係

以下，日本における各地方の地下水温について述べると共に，データ数の多い県においては，その県における傾向についても検討する。

10－3　地下水温（北海道地方）

北海道地方では44箇所，215本のボーリング孔で地下水温を測定することができている。この地域で測定された結果を，⇒附表1（170頁）に示した。

北海道地方における緯度と地下水温との関係を図示したものが図10-7である。この図を見ると，両者の間には優位ある相関が認められるようである。両者の間にはR=0.415の相関係数が算出されている。この値は，データ数44に対して99％の優位性を持って相関関係にあるといえる値0.376を多少上回っている。北海道地方では北緯1°当たり0.68℃の割合で温度変化することが示されている。

図中赤丸で示したものは札幌市内での測定結果である。都市における高温化現象の一例と思われるが，これに関しては，10-12で述べる。

次に，北海道地方における標高と地下水温との関係を図示したものが図10-8である。この図を見ると，標高と地下水温との間には，優位ある相関が認められるようである。データ数44に対して，相関係数はR=0.394となっており，99％の優位性を持って相関関係にあるとされる0.376を多少上回っている。北海道地方では100m当たり，0.44℃の割合で温度が変化していることが示されている。

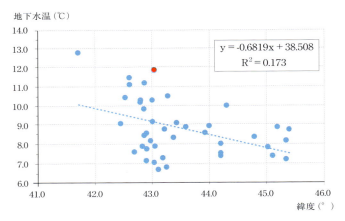

図10-7　北海道地方における緯度と地下水温との関係
（赤丸は札幌市内）

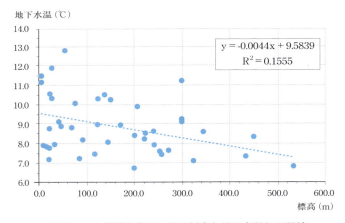

図10-8　北海道地方における標高と地下水温との関係

10−4　地下水温（東北地方）

　東北地方では35箇所，276本のボーリング孔で地下水温を測定することができている。東北地方とはここでは青森，秋田，岩手，山形，宮城，福島の各県で構成されている地方とする。
　これらの地域で測定された結果を，⇒附表2（171頁）に示した。

　東北地方における緯度と地下水温との関係を図化したものを図10-9に示す。この図を見ると，東北地方においては，緯度と地下水温との間には優位ある相関性は

認められないようである．ちなみに，両者に相関係数を認めると，R=0.151となっており，データ数35で，99％の優位性を持って相関性があるといえる値0.418を大きく下回っている．

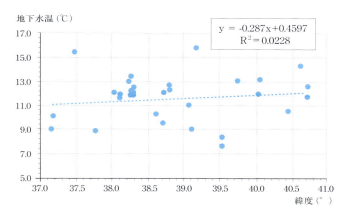

図10-9　東北地方における緯度と地下水温との関係

　東北地方における標高と地下水温との関係を示したものが図10-10である．この図を見ると，両者の間には相関性が認められるようである．両者の相関係数を求めると，R=0.519となっており，データ数35で99％の優位性を持って相関性を有するといえる値0.418を上回っており，両者の間には相関関係があるといえる．東北地方では100m当たり0.48℃温度が変化するようである．

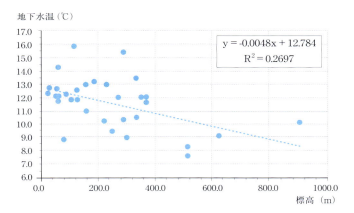

図10-10　東北地方における標高と地下水温との関係

10 − 5 　地下水温（関東地方）

　関東地方では66箇所，355本のボーリング孔で地下水温を測定することができている。
　ここで関東地方とは栃木，群馬，埼玉，茨城，千葉，東京，神奈川の各県で構成されている地方とする。これらの地域で測定された結果を，⇒附表3（172頁）に示した。

　関東地方における緯度と地下水温との関係を示したものが図10-11である。この図を見ると，両者の間には相関性があるように見える。グラフから相関係数を求めると，R=0.485となっている。データ数66で99％の有意性を持って相関関係にあるといえる値0.310を上回っており，両者の間には相関性があるといえる。関東地方では1°当たり-1.93℃の温度変化が認められるようである。

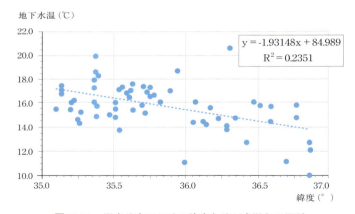

図10-11　関東地方における緯度と地下水温との関係

　関東地方における標高と地下水温との関係を図示したものが，図10-12である。この図を見ると，両者の間には相関性があるように見える。ちなみに，両者の相関係数を求めると，R=0.534となっており，データ数66において99％の有意性を持って相関関係にあるといえる値0.310を上回っている。したがって，関東地方における標高と地下水温との間には相関性があるといえる。関東地方では100m当たり0.78℃の温度変化が存在する。

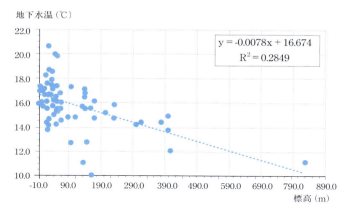

図10-12　関東地方における標高と地下水温との関係

10－6　地下水温（甲信越地方）

甲信越地方では60箇所，278本のボーリング孔で地下水温を測定することができている。甲信越地方とはここでは新潟，長野，山梨の各県で構成されている地方とする。
これらの地域で測定された結果を，⇒附表4（174頁）に示した。

甲信越地方における緯度と地下水温との関係を示したものが図10-13である。この図を見ると，両者の間には相関性は認められないようである。ちなみに，両者の相関係数を求めると，R=0.190となっており，データ数60において99%の有意性を持って相関性があるとされる値0.325を大きく下回っている。したがって，両者の間には有意ある相関性は認められないといえる。

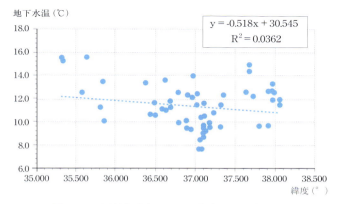

図10-13　甲信越地方における緯度と地下水温との関係

甲信越地方における標高と地下水温との関係を示したものが図10-14である。この図を見ると，両者の間には相関性がないように見える。ちなみに，相関係数を求めると，R=0.204となっており，データ数60において99％の有意性を持って相関関係にあるといえる値0.325を下回っている。したがって，両者の間には相関性はないといえる。

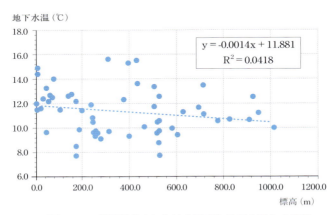

図10-14　甲信越地方における標高と地下水温との関係

10-7　地下水温（東海地方）

東海地方では，77箇所，291本のボーリング孔で地下水温を測定することができている。東海地方とはここでは，静岡，愛知，三重，岐阜の各県で構成されている地方とする。
　これらの地域で測定された結果を，⇒附表5（175頁）に示した。

東海地方における緯度と地下水温との関係を示したものが図10-15である。この図を見ると，両者の間には相関性があるように見える。ちなみに，両者の相関係数を求めると，R=0.333となっている。データ数77において99％の有意性を持って相関関係にあるといえる値0.288を上回っているので，両者の間には相関性があるといえる。東海地方では，1°当たり-1.93℃温度が変化するようである。

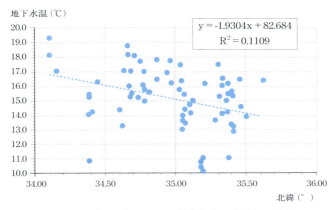

図10-15　東海地方における緯度と地下水温との関係

　東海地方における標高と地下水温との関係を示したものが，図10-16である。この図を見ると，両者の間には相関性があるように見える。ちなみに，両者の相関係数を求めると，R=0.814とかなり高い値を示している。データ数77において99%の有意性を持って相関性があるといえる値0.288を大きく上回っているので，両者の間には高い相関性が認められるといえる。東海地方では，100m当たり0.60℃の温度変化が認められるようである。

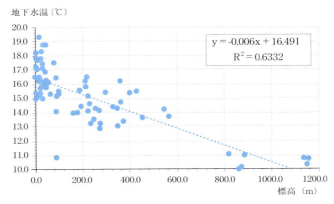

図10-16　東海地方における標高と地下水温との関係

　次に，静岡県内ではデータ数が45と多いので，静岡県内の緯度・標高と地下水温との関係について検討してみた。県内における緯度と地下水温との関係を示したものが，図10-17である。この図を見ると，緯度と地下水温との間には強い相関性が存在しているようである。ちなみに，両者の相関係数を求めるとR=0.701となっ

ている。データ数45において99%の有意性を持って相関関係があるとされる0.372よりもかなり大きな値となっており、両者は強い相関関係があるといえる。北緯1°当たり5.77℃と大きな温度変化が認められる。

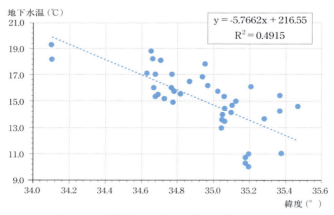

図10-17　静岡県内の緯度と地下水温との関係

　静岡県内の標高と地下水温との関係を示したものが、図10-18である。この図を見ると、緯度と同様に強い相関性が認められるようである。ちなみに、相関係数を求めてみると、R=0.869という大きな値が示された。データ数45において99%の有意性を持って相関性があるとされる0.372よりもかなり大きな値となっており、両者の間には強い相関性があるといえる。100m当たり0.62℃の温度変化が認められる。

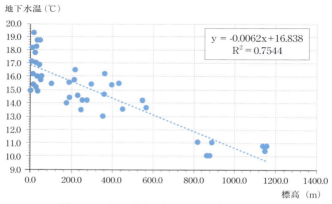

図10-18　静岡県内の標高と地下水温との関係

10－8　地下水温（北陸地方）

北陸地方では77箇所，487本のボーリング孔で地下水温を測定することができている。北陸地方とはここでは富山，石川，福井の各県で構成されている地方とする。
　これらの地域で測定された結果を，⇒附表6（177頁）に示した。

北陸地方における緯度と地下水温との関係を示したものが，図10-19である。この図を見ると，両者の間には相関性がないように見える。ちなみに，相関係数をもとめてみると，R=0.055と小さな値を示している。データ数77において99％の有意性を持って相関性があるとされる0.288よりもかなり小さな値となっており，両者の間には相関性は認められないようである。

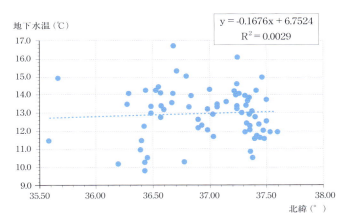

図10-19　北陸地方における緯度と地下水温との関係

北陸地方における標高と地下水温との関係を示したものが，図10-20（次頁）である。この図を見ると，両者の間には強い相関性があるように見える。ちなみに，相関係数を求めてみると，R=0.685の値を示している。データ数77において99％の有意性を持って相関性があるとされる0.288よりもかなり大きな値となっており，両者の間には強い相関性が認められる。100m当たり0.82℃となっている。

10－9　地下水温（近畿地方）

近畿地方では329箇所，1,851本のボーリング孔で地下水温を測定することができている。近畿地方とはここでは，滋賀，京都，奈良，和歌山，大阪，兵庫の各県で構成されている地方とする。
　これらの地域で測定された結果を，⇒附表7（179頁）に示した。

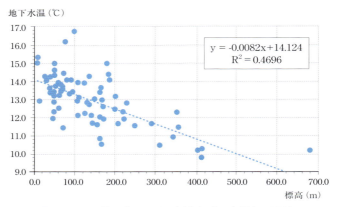

図10-20　北陸地方における標高と地下水温との関係

　近畿地方における緯度と地下水温との関係を示したものが，図10-21である。この図を見ると，両者の間には相関性があるようである。ちなみに，相関係数を求めてみると，R=0.601という高い値が示された。この値は，データ数329において99%の有意性を持って相関性が認められるという0.136を大きく上回っている。したがって，近畿地方における緯度と地下水温との間には高い相関性があるといえる。北緯1°当たり3.00℃の温度変化が認められるようである。

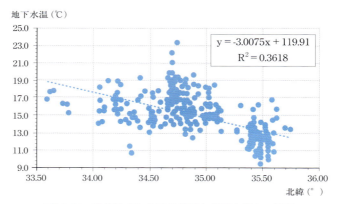

図10-21　近畿地方における緯度と地下水温との関係

　近畿地方における標高と地下水温との関係を示したものが，図10-22である。この図を見ると，緯度と同様に両者の間には高い相関性があるように見える。ちなみ

に，相関係数を求めてみると，R=0.732という高い値が示された。データ数329において99％の有意性があるとされる0.136よりもかなり大きな値となっており，両者に間には高い相関性があるといえる。標高100m当たり0.95℃の温度変化が認められるようである。

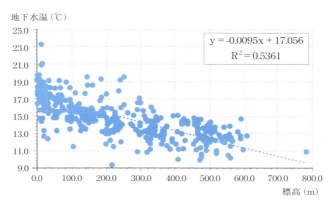

図10-22　近畿地方における標高と地下水温との関係

　近畿地方では，それぞれの県において数多くの測定がなされている。ここでは，大阪，京都，奈良，兵庫を例にとって述べる。
　大阪府内における緯度と地下水温との関係を示したものが，図10-23である。この図を見ると，これまでの例とは異なって，緯度が上がると地下水温も上がるという傾向が示されている。この原因の一つには，大阪府下においては，北部に大きな都市が集中していることにあると推察される。図中赤丸で示したものは大阪市で測定されたデータで，府内の他の測定値に比べると，2～3°高い値が示されている。

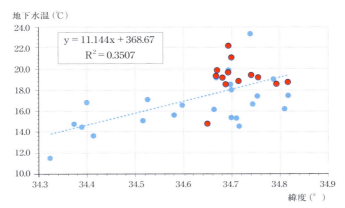

図10-23　大阪府内の緯度と地下水温との関係
　　　　　　（赤丸は大阪市内）

ちなみに，相関係数を求めてみると，R=0.592の値が示された。この値は，データ数37において99％の有意性を持って相関性があるとされる0.408よりも大きくなっている。したがって，両者の間には相関性があるといえる。北緯1°当たり11.14℃という大きな値で温度変化することが示されている。

大阪府内の標高と地下水温との関係を示したものが，図10-24である。この図を見ると，両者の間には相関性があるように見える。ちなみに，相関係数を求めてみると，R=0.607という高い値が示された。データ数37において99％の有意性を持って相関性があるとされる0.408よりもかなり大きな値となっており，両者の間には高い相関性があるといえる。標高100m当たり1.88℃という大きな値で温度変化することが示されている。

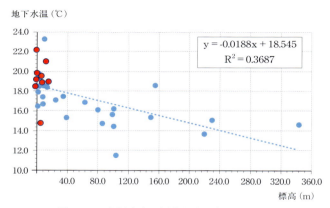

図10-24　大阪府内の標高と地下水温との関係
（赤丸は大阪市内）

京都府内における緯度と地下水温との関係を示したものが，図10-25である。この図を見ると，両者の間には相関性があるように見える。ちなみに，相関係数を求めてみると，R=0.507という値が示された。データ数28において99％の有意性を持って相関性があるとされる0.463よりもかなり大きな値となっており，両者の間には相関性があるといえる。北緯1°当たり3.79℃の温度変化をすることが示されている。なお，図中に示した赤丸は京都市内での測定値である。大阪市と同様に郊外地に比べると1～2℃高い温度が示されているようである。

京都府内における標高と地下水温との関係を示したものが，図10-26である。この図を見ると，両者の間には相関性があるように見える。ちなみに，相関係数を求めてみると，R=0.584という値が示された。データ数28において99％の有意性を持って相関性があるとされる0.463よりも大きな値となっており，両者の間には相関性があるといえる。標高100m当たり0.86℃の温度変化が認められるようである。

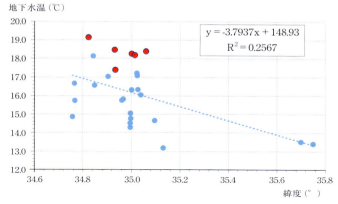

図10-25　京都府内の緯度と地下水温との関係
（赤丸は京都市内）

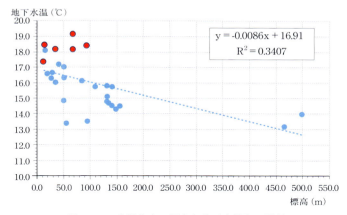

図10-26　京都府内の標高と地下水温との関係
（赤丸は京都市内）

　奈良県内の緯度と地下水温との関係を示したものを，図10-27に示す。この図を見ると，両者の間には相関性は認められないように見える。ちなみに，両者の相関係数を求めると，R=0.010となっている。データ数30において99％の有意性を持って相関性があるとされる0.449よりもかなり小さな値となっており，両者の間には相関性はないといえる。図中赤丸で示したものは奈良市内での測定値であるが，大阪市内・京都市内とは異なり，奈良市内が特に高温を示すということはないようである。

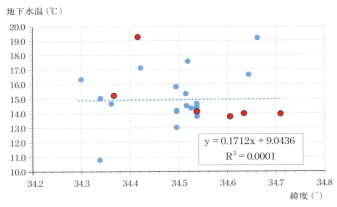

図10-27　奈良府内の緯度と地下水温との関係
（赤丸は奈良市内）

　奈良県内の標高と地下水温との関係を示したものが，図10-28である。この図を見ると，両者の間には相関性があるように見える。ちなみに，相関係数を求めてみると，R=0.645の値が示された。データ数30において99％の有意性を持って相関性があるとされる0.449よりもかなり大きな値となっており，両者の間には相関性があるといえる。標高100m当たり0.72℃の温度変化が認められるようである。

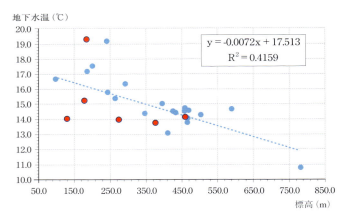

図10-28　奈良県内の標高と地下水温との関係
（赤丸は奈良市内）

　兵庫県内における緯度と地下水温との関係を示したものが，図10-29である。この図を見ると，両者の間には相関性があるように見える。ちなみに，両者の相関係数を求めてみると，R=0.775という高い値が示された。データ数191において99％の有意性を持って相関性があるとされる0.184よりもかなり大きな値となっており，両者の間には高い相関性があるいえる。北緯1°当たり4.07℃の温度変化が認められ

るようである。
　図を見ても明らかなように，兵庫県内の地下水温は，大局的には，3つの地域に分けられるようである。つまり，但馬地域，播但地域，淡路島地域である。降雪地帯である但馬地域では低い地下水温が示され，無降雪地帯である播但・淡路地域は，高い地下水温が示されている。

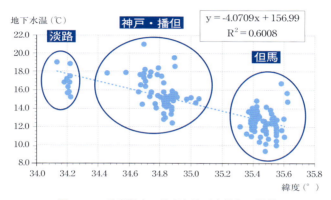

図10-29　兵庫県内の緯度と地下水温との関係

　兵庫県内における標高と地下水温との関係を示したものが，図10-30である。この図を見ると，両者の間には相関性があるように見える。ちなみに，相関係数を求めてみると，R=0.726という値が示された。データ数191において99%の有意性を持って相関性があるとされる0.184よりもかなり大きな値となっており，両者の間には高い相関性があるといえる。標高100m当たり0.87℃の温度変化をすることが示されている。

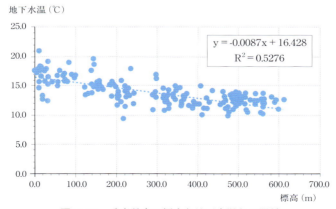

図10-30　兵庫県内の標高と地下水温との関係

10－10　地下水温（中国・四国地方）

　中国・四国地方では110箇所，520本のボーリング孔で地下水温を測定することができている。

　中国・四国地方とは，ここでは鳥取，島根，岡山，広島，山口，香川，徳島，高知，愛媛の各県で構成されている地方とする。

　これらの地域で測定された結果を，⇒附表8（188頁）に示した。

　中国地方における緯度と地下水温との関係を示したものが，図10-31である。この図を見ると，緯度と地下水温との間には，相関性は認められないようである。ちなみに，相関係数を求めてみると，R=0.017という小さな値が示された。データ数33において99％の有意性を持って相関性があるとされる0.4296よりもかなり小さな値となっており，両者の間には相関性のないことが示された。

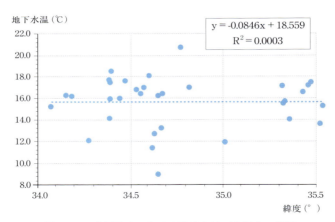

図10-31　中国地方における緯度と地下水温との関係

　中国地方における標高と地下水温との関係を示したものが，図10-32である。この図を見ると，両者の間には相関性があるように見える。ちなみに，相関係数を求めてみると，R=0.377という値が示された。データ数110において99％の有意性を持って相関性があるとされる0.4296よりも小さな値となっており，両者の間には相関性があるとはいえないようである。

　四国地方における緯度と地下水温との関係を示したものが，図10-33である。この図を見ると，両者の間には相関性があるように見える。ちなみに，相関係数を求めてみると，R=0.273という値が示された。データ数77において99％の有意性を持って相関性があるとされる0.288よりも多少小さな値が示されており，両者の間には相関性がないと推察された。

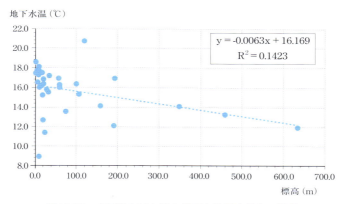

図10-32　中国地方における標高と地下水温との関係

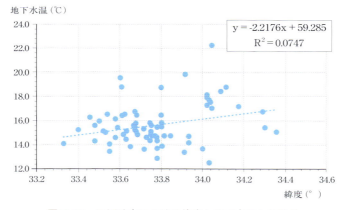

図10-33　四国地方における緯度と地下水温との関係

　四国地方における標高と地下水温との関係を示したものが，図10-34である。この図を見ると，両者の間には相関性があるように見える。ちなみに，相関係数を求めてみると，R=0.644という値が示された。データ数77において99％の有意性を持って相関性があるとされる0.288よりもかなり大きな値となっており，両者の間には高い相関性があるといえる。標高100m当たり0.51℃の温度変化が認められるようである。
　次に，徳島県内の緯度と地下水温との関係を示したものが，図10-35である。この図を見ると，両者の間には相関性はないように見える。ちなみに，相関係数を求めてみると，R=0.047という小さな値が示された。データ数14において99％の有意性を持って相関性があるとされる0.623よりもかなり小さな値となっており，両者の間には相関性がないといえる。

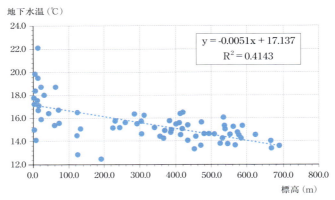

図10-34　四国地方における標高と地下水温との関係

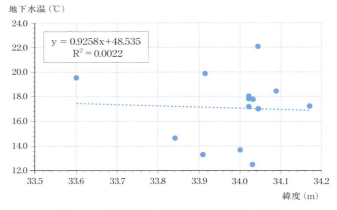

図10-35　徳島県内の緯度と地下水温との関係

　徳島県内における標高と地下水温との関係を示したものが，図10-36である。この図を見ると，両者の間には相関性があるように見える。ちなみに，相関係数を求めてみると，R=0.740という値が示された。データ数14において99％の有意性を持って相関性があるとされる0.623よりも大きな値となっており，両者の間には相関性があるといえる。標高100m当たり0.98℃の温度変化が認められるようである。

　高知県内における緯度と地下水温との関係を示したものが，図10-37である。この図を見ると，両者の間には相関性はないように見える。ちなみに，相関係数を求めてみると，R=0.317という値が示された。データ数36において99％の有意性を持って相関性があるとされる0.413よりも小さな値となっており，両者の間には相関性がないことが示された。

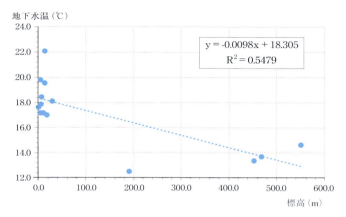

図10-36　徳島県内の標高と地下水温との関係

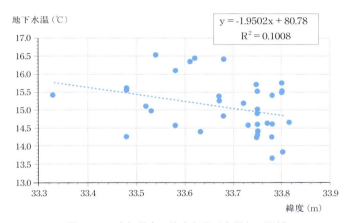

図10-37　高知県内の緯度と地下水温との関係

　高知県内における標高と地下水温との関係を示したものが，図10-38である。この図を見ると，両者の間には相関性があるように見える。ちなみに，相関係数を求めてみると，R=0.463という値が示された。データ数36において99％の有意性を持って相関性があるとされる0.413よりも大きな値となっており，両者の間には相関性があるといえる。標高100m当たり0.26℃の温度変化が認められるようである。
　愛媛県内における緯度と地下水温との関係を示したものが，図10-39である。この図を見ると，両者の間には相関性はないように見える。ちなみに，相関係数を求めてみると，R=0.081という値が示された。データ数23において99％の有意性を持って相関性があるとされる0.505よりもかなり小さな値となっており，両者の間には相関性がないといえる。

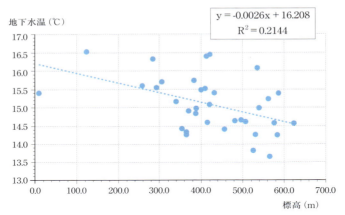

図10-38　高知県内の標高と地下水温との関係

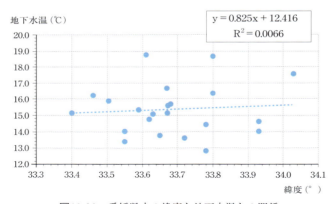

図10-39　愛媛県内の緯度と地下水温との関係

　愛媛県内の標高と地下水温との関係を示したものが，図10-40である。この図を見ると，両者の間には相関性があるように見える。ちなみに，相関係数を求めてみると，R=0.639という値が示された。データ数23において99%の有意性を持って相関性があるとされる0.505よりも大きな値となっており，両者の間には相関性があるといえる。標高100m当たり0.42℃の温度変化が認められるようである。

10−11　地下水温（九州・沖縄地方）

　九州・沖縄地方では52箇所，384本のボーリング孔で地下水温を測定することができている。

<第10章> 日本国内の地下水温　*167*

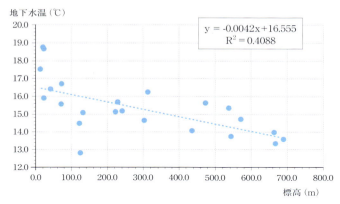

図10-40　愛媛県内の標高と地下水温との関係

　九州・沖縄地方とは，ここでは福岡，佐賀，長崎，大分，熊本，宮崎，鹿児島，沖縄の各県で構成されている地方とする。
　これらの地域で測定された結果を，⇒附表9（191頁）に示した。
　九州・沖縄地方における緯度と地下水温との関係を示したものが，図10-41である。この図を見ると，両者の間には相関性があるように見える。ちなみに，相関係数を求めてみると，R=0.811という高い値が示された。データ数52において99%の有意性を持って相関性があるとされる0.348よりもかなり大きな値となっており，両者の間には高い相関性があるといえる。北緯1°当たり0.81℃の温度変化が認められるようである。

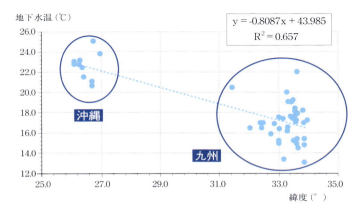

図10-41　九州・沖縄地方における緯度と地下水温との関係

九州・沖縄地方における標高と地下水温との関係を示したものが，図10-42である。この図を見ると，両者の間には一見相関性があるように見える。ちなみに，相関係数を求めてみると，R=0.309という値が示された。データ数52において99%の有意性を持って相関性があるとされる0.348よりも小さな値となっており，両者の間には相関性はないようである。

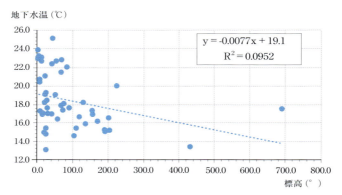

図10-42　九州・沖縄地方における標高と地下水温との関係

10−12　都会における地下水温の高温化現象

本章において，各地方における地下水温について述べた。この中で，大都市で測定された地下水温が，その周辺地域に比べて高い値となっていることが示された。

たとえば，札幌，京都，大阪ではその周辺地域よりも1〜3℃高い地下水温が示されている。この原因の1つには，地下鉄，共同溝，大規模地下構造物などの熱的影響が考えられる。これらの施設から継続的に大量の熱が供給されることによって，地下水温が徐々に上昇してきているものと推察される。

これまでの測定結果では，仙台，東京，川崎，横浜，名古屋など大都会中心部における測定例が少ないので，今後さらにデータを収集する必要があると考える。

〔附表〕
日本国内863箇所の地下水温データ

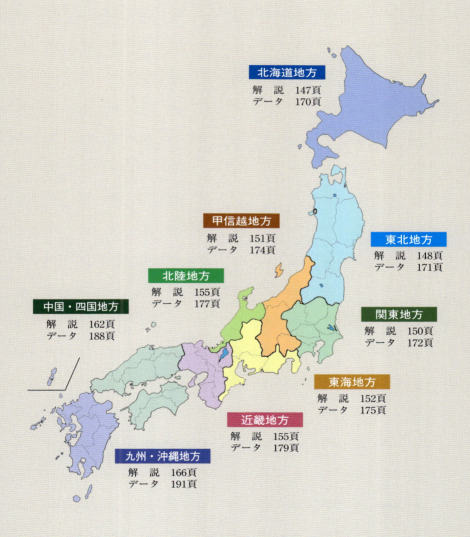

〔附表1〕 北海道地方における地下水温測定結果

県番号	都道府県	コード	北　緯	東　経	平均標高	検層本数	平均温度
1	北海道	FTM1	44.190	141.820	257.7	12	7.38
1	北海道	FTM2	44.190	141.820	254.1	6	7.55
1	北海道	NNM1	43.270	140.350	22.8	2	10.50
1	北海道	NNB1	43.050	142.090	242.3	12	7.90
1	北海道	ANS1	43.420	141.420	41.9	32	9.10
1	北海道	STC1	42.970	142.080	220.5	9	8.18
1	北海道	SHR1	43.180	142.810	434.3	10	7.30
1	北海道	BBG1	42.793	141.728	27.5	8	10.28
1	北海道	FRO1	43.592	142.046	170.4	3	8.91
1	北海道	PIP	43.914	142.545	240.0	2	8.58
1	北海道	SMO	45.389	141.695	21.9	2	8.74
1	北海道	OOM	42.536	140.281	137.3	2	10.45
1	北海道	NIM	42.873	140.492	299.1	1	11.18
1	北海道	KHB	44.196	142.003	143.7	4	8.03
1	北海道	UTT	44.308	143.227	74.8	2	10.01
1	北海道	ARA	45.175	141.872	47.0	1	8.86
1	北海道	KBM1	42.894	144.504	21.0	2	7.76
1	北海道	KBM2	42.893	144.504	22.1	2	7.15
1	北海道	SKS1	42.834	140.424	9.7	3	7.88
1	北海道	SRF1	45.331	142.117	84.3	4	7.19
1	北海道	UNB	44.774	142.498	200.0	3	8.36
1	北海道	SRF2	45.331	142.117	91.0	2	8.17
1	北海道	WIS	42.996	140.767	124.2	2	10.28
1	北海道	SPR	43.028	142.110	323.6	7	7.05
1	北海道	MOK	43.042	141.322	27.2	5	11.86
1	北海道	SKS2	42.832	140.368	32.4	3	7.90
1	北海道	NGM	43.991	143.491	123.7	3	8.94
1	北海道	NSO	45.097	141.952	117.0	3	7.41
1	北海道	YNT	41.714	140.317	55.0	5	4.78
1	北海道	NRG	42.892	142.087	345.4	2	8.55
1	北海道	NSN	42.689	143.141	272.0	3	7.61
1	北海道	ODM	45.013	142.526	16.9	5	7.82
1	北海道	SKP	43.001	142.417	298.5	4	9.21
1	北海道	NMN	43.251	142.433	533.7	2	6.81
1	北海道	NNH1	42.610	141.671	6.0	8	11.11
1	北海道	NNH2	42.610	141.671	6.0	3	11.46
1	北海道	NNH3	42.610	141.671	6.0	5	11.49
1	北海道	SBT	42.445	142.546	298.9	4	9.08
1	北海道	KSR	43.103	144.046	200.0	12	6.71
1	北海道	SOT	43.205	140.924	68.0	4	8.79

〔附表1－続〕　北海道地方における地下水温測定結果

県番号	都道府県	コード	北緯	東経	平均標高	検層本数	平均温度
1	北海道	KNB	42.795	140.700	150.5	3	10.20
1	北海道	BBI	43.368	142.044	450.7	1	8.34
1	北海道	YTZ1	42.856	140.732	206.1	4	9.85
1	北海道	YTZ2	42.856	140.732	223.6	3	8.49

〔附表2〕　東北地方における地下水温測定結果

県番号	都道府県	コード	北緯	東経	平均標高	検層本数	平均温度
2	青森県	IOS	40.620	141.330	60.8	13	14.29
2	青森県	AMI	40.448	141.235	337.0	14	10.55
2	青森県	TBZ	40.721	141.211	53.4	8	12.64
2	青森県	KMK	40.717	141.238	61.2	4	11.77
3	秋田県	ANG	40.050	140.450	188.7	14	13.20
3	秋田県	NMT	40.030	140.450	273.0	25	12.02
3	秋田県	KNS	39.988	140.797	900.0	5	20.10
3	秋田県	IWK	39.167	140.494	115.0	1	15.81
3	秋田県	IWS	39.070	140.408	160.0	5	11.03
4	岩手県	TCD1	39.530	141.080	516.0	6	8.29
4	岩手県	KSD	39.110	140.920	300.0	4	9.01
4	岩手県	TCD2	39.530	141.080	516.1	2	7.60
4	岩手県	MTK	39.743	141.125	156.2	2	13.03
5	宮城県	TKY1	38.800	141.130	27.9	8	12.75
5	宮城県	TKY2	38.800	141.130	25.2	10	12.31
5	宮城県	NYD	38.300	140.800	126.0	7	12.53
5	宮城県	THR	38.300	140.800	128.2	3	11.86
5	宮城県	HRY1	38.270	140.830	90.6	18	12.17
5	宮城県	HRY2	38.270	140.830	90.6	25	12.25
5	宮城県	KMK	38.030	140.780	60.0	4	12.10
5	宮城県	HRY3	38.270	140.830	108.5	9	11.89
6	山形県	KDZ	38.710	140.000	250.0	2	9.49
6	山形県	JND	37.770	140.180	79.9	19	8.87
6	山形県	KRB	38.720	140.150	50.0	1	12.09
6	山形県	TYM	38.620	140.220	291.4	14	10.36
6	山形県	YFN	38.296	140.222	352.0	4	12.04
6	山形県	SMO	38.112	140.167	371.2	1	11.64
6	山形県	NND	38.628	140.225	221.0	4	10.25
6	山形県	SGS	38.229	140.288	230.0	4	12.96
6	山形県	TKR	38.265	140.227	333.0	8	13.44
6	山形県	NNY	38.112	140.167	371.2	4	11.99

〔附表2－続〕　東北地方における地下水温測定結果

県番号	都道府県	コード	北緯	東経	平均標高	検層本数	平均温度
7	福島県	HMN1	37.160	139.510	628.3	9	9.07
7	福島県	HMN2	37.160	139.510	628.3	14	9.10
7	福島県	HNH	37.486	139.980	288.6	2	15.42
7	福島県	NNG	37.184	139.585	912.0	3	10.13

〔附表3〕　関東地方における地下水温測定結果

県番号	都道府県	コード	北緯	東経	平均標高	検層本数	平均温度
9	茨城県	OAR1	36.270	140.570	27.3	18	14.02
9	茨城県	OAR2	36.270	140.570	27.3	28	13.85
9	茨城県	DKU	36.500	140.570	7.0	3	15.78
9	茨城県	SKS	36.460	140.590	6.1	4	16.06
9	茨城県	NKK	36.040	140.120	21.0	1	14.40
9	茨城県	TMR	36.160	140.330	22.1	1	15.53
9	茨城県	KMS1	35.880	140.650	6.4	11	17.06
9	茨城県	KMS2	35.880	140.650	6.4	11	17.01
9	茨城県	DAI	35.934	140.340	28.5	1	18.63
9	茨城県	TCH	36.056	140.118	22.1	1	16.10
10	栃木県	OOT1	36.840	139.790	145.6	4	12.73
10	栃木県	OOT2	36.840	139.790	160.0	9	10.04
10	栃木県	KTK	36.842	139.714	405.0	4	12.14
10	栃木県	SOT1	36.750	139.845	231.7	4	15.89
10	栃木県	SOT2	36.750	139.845	229.5	3	14.76
10	栃木県	MKH	36.574	140.074	133.4	2	15.71
10	栃木県	IYI	36.407	140.092	98.2	2	12.72
10	栃木県	FKT	36.308	140.487	28.1	4	20.68
11	群馬県	AMY	36.680	138.820	824.7	17	11.17
11	群馬県	SRZ	36.330	138.920	112.0	2	14.80
11	群馬県	TKS	36.110	139.000	314.9	3	14.44
11	群馬県	AKK	36.211	139.025	167.9	2	14.77
11	群馬県	AZM	36.566	138.882	379.0	1	14.48
12	埼玉県	KHG	35.980	139.200	135.7	5	11.12
12	埼玉県	SNI	36.130	139.050	298.0	3	14.26
13	千葉県	SKD	35.470	140.050	47.7	9	15.08
13	千葉県	TKT	35.100	140.050	158.9	20	15.54
13	千葉県	SGO	35.711	140.097	205.0	13	15.20
13	千葉県	NPD	35.752	140.330	29.4	2	16.66
13	千葉県	HNS	35.693	140.066	-0.1	3	15.93
13	千葉県	NRK	35.770	140.316	35.0	3	16.67

〔附表3－続〕　関東地方における地下水温測定結果

県番号	都道府県	コード	北緯	東経	平均標高	検層本数	平均温度
13	千葉県	AGS	35.391	140.100	20.1	3	18.29
14	東京都	HND	35.551	139.741	2.5	2	17.33
14	東京都	GTD	35.624	139.729	23.1	3	17.64
14	東京都	KSK	35.815	139.274	170.9	3	16.10
14	東京都	HKI1	35.728	139.893	2.1	5	16.94
14	東京都	HKI2	35.728	139.893	2.1	3	17.16
14	東京都	OIG	35.762	139.524	20.1	1	16.65
14	東京都	KTK	35.629	139.366	140.4	4	15.48
14	東京都	MSN	35.748	139.572	95.0	2	17.32
14	東京都	MOI	35.747	139.572	49.8	3	16.53
14	東京都	KJJ	35.702	139.580	54.0	1	17.41
14	東京都	EKT	35.779	139.766	1.8	40	22.99
15	神奈川県	TKS1	35.270	139.630	53.4	9	15.25
15	神奈川県	TKS2	35.250	139.650	66.6	3	14.59
15	神奈川県	SNG	35.600	139.650	139.4	5	16.50
15	神奈川県	KYB	35.250	139.650	29.8	7	14.68
15	神奈川県	NOB1	35.220	139.690	42.5	6	16.25
15	神奈川県	TRY	35.530	139.190	397.3	1	13.81
15	神奈川県	NOB2	35.210	139.700	46.6	5	16.06
15	神奈川県	TKS3	35.260	139.620	52.0	3	14.30
15	神奈川県	YKD	35.382	139.600	40.1	1	15.78
15	神奈川県	NOB3	35.199	139.693	62.9	2	15.52
15	神奈川県	HRT	35.508	139.358	49.5	6	15.51
15	神奈川県	TUM1	35.509	139.350	64.3	4	16.05
15	神奈川県	TUM2	35.509	139.350	64.3	4	16.05
15	神奈川県	TTM	35.363	139.401	35.1	4	17.96
15	神奈川県	TRM1	35.372	139.282	48.0	3	20.01
15	神奈川県	TRM2	35.372	139.282	53.0	2	19.90
15	神奈川県	TRM3	35.372	139.282	36.5	6	18.60
15	神奈川県	KST	35.534	139.731	15.0	3	17.23
15	神奈川県	SMD	35.506	139.515	86.5	7	14.84
15	神奈川県	HRJ	35.361	139.546	49.2	3	17.37
15	神奈川県	KRM	35.363	139.555	18.5	2	16.10
15	神奈川県	RJZ1	35.612	139.344	140.2	1	17.07
15	神奈川県	NGS1	35.139	139.680	38.5	5	17.10
15	神奈川県	NGS2	35.139	139.680	38.3	2	17.45
15	神奈川県	NGS3	35.139	139.680	62.9	4	16.80
15	神奈川県	TRM4	35.372	139.282	36.5	2	18.59
15	神奈川県	YID	35.379	139.150	398.6	1	14.90
15	神奈川県	RJZ2	35.583	139.331	140.2	1	16.83

〔附表4〕 甲信越地方における地下水温測定結果

県番号	都道府県	コード	北緯	東経	平均標高	検層本数	平均温度
8	新潟県	MNY1	37.110	138.610	519.0	6	9.57
8	新潟県	MNY2	37.110	138.610	525.0	15	8.70
8	新潟県	MNY3	37.110	138.610	525.0	15	9.81
8	新潟県	MNY4	37.110	138.610	526.3	10	10.53
8	新潟県	TKI	37.050	138.550	530.0	5	7.70
8	新潟県	OSK1	37.190	138.720	260.2	5	9.70
8	新潟県	OSK2	37.190	138.720	260.3	6	9.58
8	新潟県	IMO	37.130	138.920	400.2	6	9.33
8	新潟県	OSK3	37.110	138.720	276.2	9	9.06
8	新潟県	TRK1	37.970	138.420	155.0	4	12.71
8	新潟県	TRK2	37.970	138.420	65.1	5	12.64
8	新潟県	MEK	36.950	137.900	258.0	2	9.37
8	新潟県	KSD1	37.680	139.030	11.5	2	14.97
8	新潟県	KSD2	37.680	139.030	11.5	2	14.40
8	新潟県	MNY5	37.080	138.600	520.0	8	10.48
8	新潟県	OKM1	37.100	138.400	246.5	3	10.45
8	新潟県	IKS	37.720	139.370	58.3	9	12.20
8	新潟県	KWN	37.180	138.730	190.0	8	9.86
8	新潟県	ARK1	37.920	139.350	315.0	2	9.72
8	新潟県	KRI	37.969	139.352	239.8	9	11.92
8	新潟県	OKM2	37.016	138.410	200.0	2	11.43
8	新潟県	UT	36.971	137.756	78.8	2	18.54
8	新潟県	EJR1	38.061	139.470	11.1	4	11.99
8	新潟県	EJR2	38.061	139.470	8.6	3	11.51
8	新潟県	ARK2	37.800	139.279	50.5	2	9.66
8	新潟県	OGR	37.918	138.310	145.8	2	12.69
8	新潟県	KTK	36.962	138.764	175.1	2	12.12
8	新潟県	SNB	37.987	138.390	143.6	2	12.61
8	新潟県	KND	37.116	138.284	24.4	2	11.62
8	新潟県	MKT1	37.059	138.879	175.1	1	7.68
8	新潟県	MKT2	37.059	138.879	175.1	3	8.48
8	新潟県	KHZ	36.800	138.138	581.7	6	9.97
8	新潟県	NOU	37.027	137.995	70.0	2	12.44
8	新潟県	TNS	37.322	138.699	107.4	32	11.50
8	新潟県	DDG	36.885	137.840	465.5	2	10.09
8	新潟県	TIN	37.969	139.352	47.0	1	13.27
8	新潟県	KRI	37.236	138.555	245.5	1	10.80
8	新潟県	AKS	37.647	139.382	70.1	6	12.58
8	新潟県	WJM	37.357	138.540	35.0	4	12.31
8	新潟県	KKK	37.319	138.905	253.1	4	9.63

〔附表4－続〕　甲信越地方における地下水温測定結果

県番号	都道府県	コード	北緯	東経	平均標高	検層本数	平均温度
8	新潟県	MTM	36.901	138.778	606.7	1	9.48
16	山梨県	UNH	35.635	139.121	310.0	2	15.63
17	長野県	MTK	35.810	137.100	948.6	8	11.21
17	長野県	AND	36.787	138.319	528.0	5	12.54
17	長野県	INA	35.844	137.942	714.4	3	13.43
17	長野県	HUJ	35.339	137.835	396.2	2	15.29
17	長野県	KSO	36.909	138.410	375.0	16	12.28
17	長野県	YSN	35.864	137.579	1013.0	2	10.06
17	長野県	KKB	35.323	137.824	430.1	3	15.52
17	長野県	SSO	36.490	137.919	692.2	4	11.66
17	長野県	SKS	35.580	138.050	925.0	6	12.54
17	長野県	AKK	36.619	138.107	435.7	1	13.54
17	長野県	HTR	36.382	138.250	508.0	1	13.35
17	長野県	SYS	36.687	138.177	628.7	2	11.26
17	長野県	OOS	36.687	138.349	505.0	1	11.77
17	長野県	OOM	36.442	137.814	910.0	1	10.64
17	長野県	OOB	36.498	137.931	777.0	1	10.59
17	長野県	INT	36.450	137.820	825.0	1	10.66
17	長野県	IRT	35.585	138.055	1041.3	2	11.08
17	長野県	SRI	36.819	137.924	523.1	2	10.10

〔附表5〕　東海地方における地下水温測定結果

県番号	都道府県	コード	北緯	東経	平均標高	検層本数	平均温度
18	静岡県	KRN	35.100	138.200	545.6	8	14.23
18	静岡県	FRO	35.050	137.900	449.6	7	13.59
18	静岡県	KMK	35.050	137.800	173.5	4	14.03
18	静岡県	OTK1	35.100	137.810	360.5	4	14.71
18	静岡県	OTK2	35.370	137.810	252.6	4	14.27
18	静岡県	UEN	35.470	137.810	230.5	3	14.60
18	静岡県	MGT	34.780	138.200	44.3	3	15.77
18	静岡県	FMT1	35.180	138.270	1149.9	9	10.44
18	静岡県	FMT2	35.180	138.270	1140.6	2	10.81
18	静岡県	TNR	34.680	137.790	10.3	3	17.06
18	静岡県	NKS	34.100	138.170	15.5	8	19.33
18	静岡県	ASO	35.120	138.550	0.0	2	15.00
18	静岡県	TYT	34.730	137.830	20.0	8	15.21
18	静岡県	TKM	34.658	138.105	34.0	3	18.80
18	静岡県	RYO	34.680	137.820	15.0	4	15.37

〔附表5－続〕　東海地方における地下水温測定結果

県番号	都道府県	コード	北緯	東経	平均標高	検層本数	平均温度
18	静岡県	MKH	34.100	138.170	4.0	3	18.18
18	静岡県	OTK3	35.100	137.800	271.7	8	14.21
18	静岡県	YFH	35.370	138.970	430.0	8	15.47
18	静岡県	JNK	35.380	138.600	820.0	1	11.08
18	静岡県	HMO	34.630	138.130	5.0	1	17.14
18	静岡県	UMC	35.180	138.250	1155.0	1	10.75
18	静岡県	SKC	34.970	138.380	10.0	1	16.19
18	静岡県	SMN	35.028	137.854	213.0	2	15.79
18	静岡県	NGS	34.868	137.738	215.7	4	16.48
18	静岡県	OTK4	35.064	137.083	399.0	3	15.41
18	静岡県	OHR	34.938	139.148	42.0	4	16.89
18	静岡県	OOK	34.663	137.933	25.5	2	18.27
18	静岡県	NOT	34.690	137.970	101.1	2	15.50
18	静岡県	MKG	35.285	138.571	565.0	2	13.68
18	静岡県	HBR	34.706	138.211	9.5	2	18.12
18	静岡県	TKW	34.958	138.363	20.5	6	17.80
18	静岡県	KSM1	35.196	138.261	885.8	4	11.03
18	静岡県	KSM2	35.196	138.261	863.0	3	10.06
18	静岡県	NGO	35.047	137.863	350.9	8	13.05
18	静岡県	NKS	34.765	137.914	31.2	2	16.03
18	静岡県	HGM	34.668	138.054	50.0	1	16.03
18	静岡県	SOT	34.779	138.112	30.0	1	14.95
18	静岡県	NGI	34.774	138.087	30.0	2	17.05
18	静岡県	KSM3	35.196	138.261	874.7	3	10.10
18	静岡県	HKM	34.816	137.794	187.8	13	15.57
18	静岡県	IZY	35.063	138.975	297.3	4	15.43
18	静岡県	AWK	35.209	138.615	360.0	2	16.20
18	静岡県	TKM	34.655	138.091	41.0	3	18.80
18	静岡県	OTK4	35.064	137.083	192.0	2	14.44
18	静岡県	OTK5	35.064	137.083	248.5	1	13.48
19	愛知県	HKN1	35.310	136.650	6.9	12	15.36
19	愛知県	KHN2	35.330	136.650	6.2	9	16.60
19	愛知県	KTY	35.210	136.990	46.2	1	16.22
19	愛知県	NKN	34.750	137.440	9.7	1	17.73
19	愛知県	MTI	35.040	136.990	18.9	1	16.36
19	愛知県	SOH	34.869	136.984	2.1	1	17.86
19	愛知県	HGO	35.303	136.993	78.0	3	17.52
20	三重県	HNC1	34.600	136.150	327.3	1	14.43
20	三重県	HNC2	34.620	136.150	236.0	6	13.26
20	三重県	KMZ1	34.384	136.608	18.5	3	15.38

〔附表5－続〕　東海地方における地下水温測定結果

県番号	都道府県	コード	北緯	東経	平均標高	検層本数	平均温度
20	三重県	KMZ2	34.384	136.608	62.7	17	15.34
20	三重県	KMZ3	34.384	136.608	89.3	6	15.24
20	三重県	MYG	34.446	136.664	12.7	1	16.30
20	三重県	KNS	34.152	136.262	30.0	1	17.10
20	三重県	YMS	35.034	136.582	30.6	1	17.46
20	三重県	URT	35.621	136.496	89.0	1	16.43
20	三重県	UNT	34.403	136.198	347.4	3	14.22
20	三重県	KMZ4	34.384	136.608	89.3	2	14.08
20	三重県	KMZ5	34.384	136.608	89.3	3	10.83
20	三重県	TNK	34.714	136.438	49.3	5	33.90
21	岐阜県	YMG1	35.330	137.220	224.4	6	14.17
21	岐阜県	YMG2	35.330	137.220	211.5	3	16.16
21	岐阜県	YMG3	35.330	137.220	208.0	1	16.10
21	岐阜県	SMS	35.360	137.205	225.0	1	15.12
21	岐阜県	KKH	35.375	136.846	18.7	5	16.22
21	岐阜県	KWO1	35.414	137.203	273.2	10	12.88
21	岐阜県	KWO2	35.414	137.203	273.9	1	13.21
21	岐阜県	RNT	35.400	137.334	373.5	1	13.35
21	岐阜県	KKR	35.397	137.147	24.0	7	15.72
21	岐阜県	MTH	35.455	136.676	19.0	1	16.49
21	岐阜県	KED	35.400	137.334	100.0	1	15.35
21	岐阜県	KKB	35.510	137.080	160.4	5	13.97

〔附表6〕　北陸地方における地下水温測定結果

県番号	都道府県	コード	北緯	東経	平均標高	検層本数	平均温度
22	福井県	KMR	35.664	136.101	52.0	2	14.96
22	福井県	KDJ	35.587	135.941	71.9	2	11.47
23	石川県	HNO1	37.350	136.900	51.8	5	12.89
23	石川県	HNO2	37.350	136.900	106.9	11	12.88
23	石川県	NWM1	37.350	136.850	143.6	23	12.10
23	石川県	NWM2	37.350	136.850	127.2	50	12.26
23	石川県	SRY	37.400	136.950	133.2	23	12.78
23	石川県	MND	37.350	136.750	66.9	7	13.85
23	石川県	SKJ	37.250	136.750	186.4	8	14.06
23	石川県	IMR	37.330	136.750	54.9	20	13.72
23	石川県	KKC	37.430	137.050	290.3	8	11.68
23	石川県	SGI	37.330	136.780	165.3	5	13.62
23	石川県	UNG	37.500	137.200	70.0	4	13.74

〔附表6－続〕　北陸地方における地下水温測定結果

県番号	都道府県	コード	北緯	東経	平均標高	検層本数	平均温度
23	石川県	SJI	37.500	137.230	61.0	6	12.55
23	石川県	FNS	37.150	136.800	41.7	15	13.62
23	石川県	HTT	37.000	136.950	186.0	6	14.32
23	石川県	MNK1	37.030	137.020	207.8	5	11.68
23	石川県	KRS	36.980	137.050	203.1	4	13.18
23	石川県	MNK2	36.980	137.000	164.7	4	12.03
23	石川県	NIE	37.530	137.100	222.0	9	11.94
23	石川県	NDA	36.780	136.800	413.9	26	10.27
23	石川県	AST	36.670	136.750	42.3	3	13.59
23	石川県	IJJ	37.400	137.000	158.4	10	11.62
23	石川県	NFM1	37.370	136.780	111.2	7	13.10
23	石川県	NFM2	37.370	136.780	167.6	2	10.55
23	石川県	OMH1	36.485	136.722	161.5	2	13.33
23	石川県	NTN	37.480	137.170	250.3	5	11.57
23	石川県	SSH	36.838	136.843	122.6	9	13.94
23	石川県	MRM	36.793	136.735	9.8	5	15.04
23	石川県	SGI	37.330	136.780	199.3	7	12.46
23	石川県	KDM	37.470	137.150	163.6	3	12.03
23	石川県	SKU1	36.450	136.680	309.9	8	10.48
23	石川県	SKU2	36.450	136.680	309.9	6	10.50
23	石川県	ICJ	37.600	136.980	172.0	7	11.94
23	石川県	NNO	37.030	136.980	14.5	4	12.92
23	石川県	HNO	37.360	136.900	165.0	5	10.87
23	石川県	WKM	36.550	136.700	74.8	4	14.45
23	石川県	KWI	36.400	136.620	356.7	4	11.45
23	石川県	OMH2	36.485	136.722	168.1	1	12.96
23	石川県	NNN1	37.069	136.742	42.2	8	13.34
23	石川県	NNN2	37.069	136.742	41.5	4	13.42
23	石川県	SSK	37.441	137.158	50.2	5	12.38
23	石川県	KUR	37.232	137.226	33.0	4	14.02
23	石川県	KKM	37.466	137.159	180.8	1	15.00
23	石川県	MRM	36.714	136.675	10.0	4	15.34
23	石川県	OKW	36.533	136.680	50.4	6	14.30
23	石川県	OHR1	37.244	137.078	78.1	4	16.14
23	石川県	OHR2	37.244	137.078	50.4	2	14.65
23	石川県	OHR3	37.244	137.078	63.7	3	13.21
23	石川県	OHR4	37.244	137.078	86.6	2	13.36
23	石川県	YRD	36.191	136.602	680.0	2	10.17
23	石川県	KRK	37.283	137.143	152.1	3	13.04
23	石川県	TKN1	37.319	137.127	47.1	3	11.98

〔附表6－続〕　北陸地方における地下水温測定結果

県番号	都道府県	コード	北緯	東経	平均標高	検層本数	平均温度
23	石川県	TKN2	37.319	137.127	53.1	2	13.45
23	石川県	HRT	36.818	136.802	52.1	1	13.34
23	石川県	ICG	37.217	137.062	30.2	1	14.25
23	石川県	YMW	37.323	137.129	108.7	3	13.95
23	石川県	YMD	36.273	136.286	65.0	2	13.48
23	石川県	MTY	36.290	136.284	35.3	3	14.07
23	石川県	SNM1	37.410	137.240	137.7	2	14.27
23	石川県	SNM2	37.410	137.240	143.9	2	11.73
23	石川県	GSH1	36.571	136.669	92.9	6	14.08
23	石川県	GSH2	36.571	136.669	95.4	6	13.40
23	石川県	KTG	37.310	137.011	59.9	1	13.93
23	石川県	IWN	36.442	136.546	44.0	5	14.27
23	石川県	IWD	36.602	136.697	50.4	2	13.16
23	石川県	KRK	36.683	136.786	100.0	2	16.75
24	富山県	ANK1	36.430	136.930	414.0	6	9.80
24	富山県	ANK2	36.430	136.930	406.0	4	10.23
24	富山県	KYS1	36.900	136.950	110.9	3	12.18
24	富山県	KYS2	36.900	136.950	171.3	8	12.63
24	富山県	KFM1	36.570	136.820	230.3	9	12.82
24	富山県	KFM2	36.570	136.820	135.8	4	12.75
24	富山県	MZA	36.420	136.930	352.4	9	12.26
24	富山県	KRM	36.930	136.930	220.0	8	12.31
24	富山県	KDR	36.391	136.879	343.3	7	10.95
24	富山県	KSG	36.673	137.067	82.0	6	14.11

〔附表7〕　近畿地方における地下水温測定結果

県番号	都道府県	コード	北緯	東経	平均標高	検層本数	平均温度
25	滋賀県	UGT1	35.270	136.300	216.8	7	13.19
25	滋賀県	UGT2	35.270	136.300	228.5	2	13.11
25	滋賀県	KBS1	35.100	135.880	122.2	7	15.31
25	滋賀県	KBS2	35.100	135.880	115.0	6	15.95
25	滋賀県	KOG	35.100	135.880	213.5	3	14.36
25	滋賀県	MRY	35.100	135.880	111.9	5	14.74
25	滋賀県	HID	35.010	136.000	110.0	1	16.11
25	滋賀県	YNG	35.032	135.862	95.0	1	15.86
25	滋賀県	OIH	34.909	135.923	122.7	2	14.25
25	滋賀県	NKT	35.464	136.181	104.4	4	16.20
25	滋賀県	SIF	35.123	135.915	120.2	3	15.47

[附表7－続]　近畿地方における地下水温測定結果

県番号	都道府県	コード	北緯	東経	平均標高	検層本数	平均温度
25	滋賀県	KTK	34.939	135.916	201.5	2	13.33
25	滋賀県	MRY	35.035	136.016	98.0	2	14.99
25	滋賀県	SGS	35.042	135.856	107.3	4	15.89
25	滋賀県	FRH	35.470	136.246	98.0	2	5.40
25	滋賀県	KND1	35.082	136.200	104.5	2	16.16
25	滋賀県	KND2	35.082	136.200	104.2	2	14.86
25	滋賀県	KTJ	34.951	135.961	513.0	2	13.23
25	滋賀県	YST	35.002	135.864	312.8	3	14.89
25	滋賀県	KIH	35.588	136.307	345.0	1	14.41
25	滋賀県	TRH	35.418	136.266	94.5	1	15.65
25	滋賀県	MNO	35.130	135.902	160.8	1	14.62
25	滋賀県	NKT	35.019	135.956	110.0	1	17.65
25	滋賀県	IRE	35.309	136.275	84.0	2	16.13
25	滋賀県	FDJ	34.918	135.982	499.0	1	13.97
26	京都府	KNN	35.700	135.250	95.4	4	13.51
26	京都府	GIR	35.750	135.950	55.2	4	13.36
26	京都府	NKT	34.766	135.783	28.2	2	16.65
26	京都府	KYM	34.766	135.930	109.3	6	15.73
26	京都府	MSN	35.095	135.480	136.0	6	14.64
26	京都府	YNU	34.755	135.861	50.0	2	14.85
26	京都府	KOJ	35.042	135.734	35.0	1	16.01
26	京都府	UMD	34.999	135.711	26.0	2	16.29
26	京都府	NJM	35.001	135.761	35.0	4	18.21
26	京都府	TNZ	34.902	135.680	50.6	1	17.01
26	京都府	OSH	34.825	135.751	66.5	1	19.12
26	京都府	ONH1	34.998	135.663	141.1	3	14.53
26	京都府	ONH2	34.998	135.663	156.9	4	14.49
26	京都府	ONH3	34.998	135.663	131.9	13	14.78
26	京都府	ONH4	34.998	135.663	131.9	2	15.07
26	京都府	SMM	35.013	135.789	66.5	3	18.16
26	京都府	STB	34.933	135.738	11.8	5	17.38
26	京都府	KGE1	35.025	135.767	50.2	2	17.02
26	京都府	KGE2	35.025	135.767	50.6	2	16.33
26	京都府	ONH5	34.998	135.663	149.9	8	14.30
26	京都府	IWK	35.062	135.782	93.0	7	18.40
26	京都府	KOT	35.133	135.647	466.5	1	13.15
26	京都府	HIS	35.021	135.695	40.0	2	17.19
26	京都府	TRD	34.848	135.774	19.0	2	16.57
26	京都府	OTS	34.933	135.759	14.1	11	18.42
26	京都府	MKG	34.962	135.654	141.0	11	15.73

〔附表7－続〕　近畿地方における地下水温測定結果

県番号	都道府県	コード	北　緯	東　経	平均標高	検層本数	平均温度
26	京都府	HKJ	34.841	135.748	15.2	3	18.13
26	京都府	KKG	34.965	135.656	131.9	13	15.79
27	奈良県	HJD	34.661	135.856	240.3	2	19.21
27	奈良県	SMD	34.416	135.856	184.9	2	19.28
27	奈良県	MRO1	34.537	136.028	458.4	3	14.11
27	奈良県	SKH	34.711	135.918	273.2	2	13.97
27	奈良県	HDH	34.644	135.710	96.7	2	16.69
27	奈良県	TKT	34.634	135.854	129.8	1	14.02
27	奈良県	IWS	34.493	135.915	242.6	4	15.83
27	奈良県	STG	34.516	136.053	425.1	2	14.53
27	奈良県	OTN	34.298	135.838	291.0	6	16.36
27	奈良県	YGR	34.514	135.917	263.5	5	15.37
27	奈良県	IRY	34.338	135.963	395.8	2	15.01
27	奈良県	MRO2	34.537	136.028	465.5	5	14.01
27	奈良県	MRO3	34.537	136.028	465.5	7	14.58
27	奈良県	UCM1	34.495	136.008	458.4	8	14.13
27	奈良県	UCM2	34.495	136.008	410.8	4	13.06
27	奈良県	SZT	34.420	135.822	185.0	2	17.13
27	奈良県	KNY	34.519	135.852	200.0	2	17.56
27	奈良県	MRO4	34.537	136.028	434.5	11	14.41
27	奈良県	MRO5	34.537	136.028	458.4	4	14.72
27	奈良県	MRO6	34.537	136.028	465.5	4	13.79
27	奈良県	KYM	34.605	135.905	375.9	15	13.77
27	奈良県	IRY	34.337	135.967	781.9	4	10.80
27	奈良県	TKH	34.359	135.939	589.9	9	14.68
27	奈良県	OON	34.495	136.006	503.2	15	14.24
27	奈良県	SKG	34.634	135.854	129.8	1	14.02
27	奈良県	MRO7	34.537	136.028	458.4	3	14.54
27	奈良県	MRO8	34.537	136.028	458.4	3	14.17
27	奈良県	SKG	34.366	135.858	180.0	3	15.23
27	奈良県	TDA	34.591	135.989	486.9	4	31.34
27	奈良県	HMK	34.526	135.978	345.5	4	14.38
28	大阪府	UMD	34.700	135.500	2.5	3	17.98
28	大阪府	SRK	34.700	134.630	150.0	6	15.34
28	大阪府	HTK	34.525	135.483	24.6	3	17.08
28	大阪府	FBC	34.739	135.464	9.7	1	23.29
28	大阪府	KJM	34.671	135.475	1.0	4	19.81
28	大阪府	NDH	34.694	135.474	-0.6	3	22.16
28	大阪府	BND	34.817	135.497	8.9	1	18.74
28	大阪府	SRT	34.810	135.445	100.6	1	16.22

〔附表7－続〕　近畿地方における地下水温測定結果

県番号	都道府県	コード	北緯	東経	平均標高	検層本数	平均温度
28	大阪府	UGO	34.373	135.366	86.5	2	14.74
28	大阪府	BNB	34.389	135.387	100.6	1	14.44
28	大阪府	AMN	34.413	135.511	220.0	1	13.63
28	大阪府	TMR	34.690	135.498	3.5	2	18.49
28	大阪府	NNS	34.694	135.501	4.4	5	19.61
28	大阪府	YNO	34.716	135.485	343.6	3	14.57
28	大阪府	NUG	34.688	135.672	12.8	3	18.51
28	大阪府	TKT	34.516	135.676	230.4	5	15.04
28	大阪府	TNG	34.323	135.126	104.1	1	11.48
28	大阪府	SUG	34.581	135.429	99.4	4	15.59
28	大阪府	SNT	34.597	135.454	1.3	8	16.49
28	大阪府県	SMR	34.698	135.581	-1.7	4	18.53
28	大阪府	MRF	34.743	135.619	8.5	2	16.65
28	大阪府	KNM	34.710	135.692	38.7	10	15.30
28	大阪府	KJM	34.668	135.471	1.3	4	19.24
28	大阪府	FUI	34.715	135.557	8.9	6	18.83
28	大阪府	KWH	34.664	135.449	79.8	2	16.12
28	大阪府	EBE	34.668	135.472	5.5	4	19.18
28	大阪府	KNM	34.753	135.641	35.2	5	17.43
28	大阪府	MIW	34.741	135.474	3.0	1	19.37
28	大阪府	SNM	34.818	135.645	8.0	1	17.47
28	大阪府	MZM	34.399	135.381	63.5	1	16.82
28	大阪府	ZIK	34.755	135.552	6.0	4	19.13
28	大阪府	SNR	34.787	135.546	14.9	1	18.97
28	大阪府	SNZ	34.699	135.501	12.8	1	21.00
28	大阪府	KRC	34.793	135.709	155.0	1	18.57
28	大阪府	OYD	34.681	135.429	0.5	3	19.12
28	大阪府	NNS	34.694	135.501	3.0	1	19.82
28	大阪府	YSH	34.651	135.395	5.1	2	14.77
29	和歌山県	NDT	33.780	134.480	223.0	11	15.32
29	和歌山県	OKA	33.730	135.470	121.0	11	16.36
29	和歌山県	ANT	34.330	135.550	280.3	4	14.97
29	和歌山県	YTN	34.330	135.450	125.5	2	15.22
29	和歌山県	HTA1	34.100	135.150	288.0	5	15.63
29	和歌山県	HTA2	34.100	135.150	200.1	1	15.95
29	和歌山県	OOM	34.290	135.490	473.7	5	14.55
29	和歌山県	HSY	34.320	135.480	419.0	1	14.15
29	和歌山県	NMT	34.090	135.310	331.6	8	15.91
29	和歌山県	HMG1	34.080	135.370	421.5	4	14.28
29	和歌山県	HMG2	34.080	135.370	336.5	4	15.64

〔附表7－続〕　近畿地方における地下水温測定結果

県番号	都道府県	コード	北緯	東経	平均標高	検層本数	平均温度
29	和歌山県	OSS	34.054	135.358	204.3	5	14.18
29	和歌山県	KKK	34.062	135.234	81.9	2	16.69
29	和歌山県	KTN	34.060	135.108	49.3	5	18.22
29	和歌山県	NBS	34.056	135.360	308.9	6	15.58
29	和歌山県	MMZ	33.768	135.271	20.4	2	16.29
29	和歌山県	ICB	34.242	135.346	23.1	8	18.58
29	和歌山県	NNS	34.244	135.094	8.5	2	14.38
29	和歌山県	HNK	33.619	135.920	8.0	10	17.78
29	和歌山県	HRK	34.242	135.346	181.0	8	16.83
29	和歌山県	ICY1	33.590	135.914	4.9	3	16.90
29	和歌山県	ICY2	33.642	135.930	5.4	3	17.80
29	和歌山県	ICB	34.242	135.346	23.7	6	18.44
29	和歌山県	UNH	33.758	135.459	248.9	11	16.27
29	和歌山県	NKT	34.244	135.094	22.0	16	15.68
30	兵庫県	TND1	35.520	134.500	235.5	5	13.50
30	兵庫県	TND2	35.520	134.500	289.0	1	13.45
30	兵庫県	TKS	35.430	134.620	468.0	3	12.63
30	兵庫県	MRM	35.470	134.650	378.8	8	11.58
30	兵庫県	MYG1	35.550	134.600	474.4	8	10.02
30	兵庫県	MYG2	35.550	134.600	476.7	8	10.48
30	兵庫県	MYG3	35.550	134.600	470.5	11	11.12
30	兵庫県	MYG4	35.550	134.600	468.9	9	11.14
30	兵庫県	MYG5	35.550	134.600	486.2	4	11.06
30	兵庫県	MYG6	35.550	134.600	472.6	11	11.35
30	兵庫県	OTN1	35.400	134.600	464.5	10	12.38
30	兵庫県	OOS1	35.400	134.600	541.1	11	12.51
30	兵庫県	ISD	35.470	134.550	321.3	3	12.58
30	兵庫県	YON	35.480	134.600	492.1	4	12.34
30	兵庫県	OIG1	35.530	134.500	316.0	3	13.17
30	兵庫県	OIG2	35.530	134.500	318.5	13	12.92
30	兵庫県	OIG3	35.530	134.500	322.3	12	12.76
30	兵庫県	OIG4	35.530	134.500	319.0	10	12.56
30	兵庫県	OIG5	35.530	134.500	319.0	14	12.46
30	兵庫県	IRE	35.480	134.580	216.5	24	9.39
30	兵庫県	KYG	35.580	134.420	16.7	4	16.81
30	兵庫県	KTY1	35.600	134.580	318.1	21	10.88
30	兵庫県	KTY2	35.600	134.580	289.4	8	10.90
30	兵庫県	OIG6	35.530	134.500	322.3	15	12.51
30	兵庫県	KBO	35.480	134.520	420.9	13	11.26
30	兵庫県	OIG7	35.530	134.500	319.0	14	12.30

〔附表7－続〕　近畿地方における地下水温測定結果

県番号	都道府県	コード	北緯	東経	平均標高	検層本数	平均温度
30	兵庫県	NSW	34.970	134.920	161.0	5	15.00
30	兵庫県	NTM	34.200	134.610	69.0	2	16.32
30	兵庫県	OOK	34.200	134.780	71.6	8	17.17
30	兵庫県	YGI1	35.400	134.700	126.7	26	13.39
30	兵庫県	YGI2	35.400	134.700	126.7	12	13.46
30	兵庫県	NTG	34.220	134.920	182.1	6	15.16
30	兵庫県	YNM	34.770	135.150	243.3	43	14.11
30	兵庫県	OOS2	35.420	134.670	514.5	6	13.13
30	兵庫県	NKY1	34.820	135.370	97.5	5	16.77
30	兵庫県	NKY2	34.820	135.370	189.4	62	15.68
30	兵庫県	YGI3	35.380	134.710	137.2	5	13.57
30	兵庫県	NSO	34.830	135.300	155.6	60	14.42
30	兵庫県	AGD1	34.820	135.300	319.4	25	13.34
30	兵庫県	AGD2	34.820	135.300	341.0	39	12.87
30	兵庫県	AGD3	34.820	135.300	365.1	21	13.17
30	兵庫県	AMN1	34.200	134.730	42.0	8	15.62
30	兵庫県	AMN2	34.200	134.730	29.7	7	15.69
30	兵庫県	AMN3	34.200	134.730	25.6	5	15.74
30	兵庫県	OKW	34.200	134.780	63.7	7	17.09
30	兵庫県	YTN	34.210	134.830	56.1	6	16.77
30	兵庫県	SGO	34.730	135.240	192.2	5	15.27
30	兵庫県	HTT	35.050	135.200	219.8	2	15.00
30	兵庫県	AKO	34.830	134.360	55.4	9	15.11
30	兵庫県	YTN	34.210	134.830	55.1	7	16.81
30	兵庫県	KRI	34.180	134.830	90.8	8	16.88
30	兵庫県	KSH	35.000	135.300	405.7	4	15.04
30	兵庫県	JHO	34.210	134.804	55.9	11	15.74
30	兵庫県	IRE2	35.480	134.580	221.0	53	11.52
30	兵庫県	TKS2	35.430	134.620	560.0	1	12.75
30	兵庫県	HGY2	34.800	134.390	32.3	8	15.30
30	兵庫県	MRI	35.622	134.624	10.8	1	15.72
30	兵庫県	MNK	35.484	135.603	390.5	2	12.26
30	兵庫県	OTN2	35.406	134.570	494.0	3	11.66
30	兵庫県	MWA	34.895	135.230	181.3	3	15.24
30	兵庫県	MNK2	35.484	135.603	435.7	2	14.17
30	兵庫県	OOS3	35.402	134.554	590.0	3	12.29
30	兵庫県	OOS4	35.399	134.554	501.9	2	12.38
30	兵庫県	SKN	35.316	134.907	210.0	1	12.11
30	兵庫県	KRD1	35.423	134.607	327.6	5	14.28
30	兵庫県	KRD2	35.423	134.607	324.9	4	13.50

〔附表7－続〕　近畿地方における地下水温測定結果

県番号	都道府県	コード	北緯	東経	平均標高	検層本数	平均温度
30	兵庫県	KTY	35.390	134.477	359.2	2	11.75
30	兵庫県	MNK3	35.484	135.603	427.7	24	12.25
30	兵庫県	YMD1	35.553	135.161	597.7	3	11.07
30	兵庫県	MYD2	35.554	134.600	401.6	2	11.67
30	兵庫県	KRD3	35.423	134.607	344.5	4	14.86
30	兵庫県	KRD4	35.423	134.607	344.6	3	12.77
30	兵庫県	TKS3	35.412	134.568	590.5	3	12.61
30	兵庫県	TKS4	35.412	134.568	492.6	3	13.47
30	兵庫県	KOT1	35.419	134.565	556.8	1	12.47
30	兵庫県	KOT2	35.419	134.565	556.8	4	12.65
30	兵庫県	HRS	34.826	135.068	121.5	4	14.69
30	兵庫県	AWA	35.034	134.770	229.3	1	14.79
30	兵庫県	KWI	34.887	135.135	151.0	1	15.74
30	兵庫県	KYO1	35.601	134.556	201.5	9	12.94
30	兵庫県	KYO2	35.601	134.556	205.5	2	12.86
30	兵庫県	ZNN	34.846	135.182	223.3	4	14.35
30	兵庫県	NSH1	34.827	135.165	188.5	4	13.19
30	兵庫県	NSH2	34.879	135.115	156.9	2	15.77
30	兵庫県	OOS5	35.402	134.560	503.6	2	13.03
30	兵庫県	OOS6	35.407	134.557	559.4	4	13.76
30	兵庫県	OTN2	35.407	134.570	482.3	3	12.87
30	兵庫県	OTN3	35.407	134.570	486.6	3	12.99
30	兵庫県	OOS7	35.402	134.560	563.9	1	12.26
30	兵庫県	OTN4	35.403	134.579	494.0	3	12.12
30	兵庫県	TSN	34.708	135.328	12.0	2	18.16
30	兵庫県	OTN5	35.407	134.569	493.6	3	12.51
30	兵庫県	IGN	35.416	134.567	420.8	3	12.93
30	兵庫県	NOS	34.848	135.157	147.0	4	15.22
30	兵庫県	INT	34.749	135.400	25.0	2	17.90
30	兵庫県	OTN6	35.409	134.577	501.2	3	13.59
30	兵庫県	NEJ	34.128	134.888	31.4	2	19.05
30	兵庫県	HUR	34.457	134.971	12.2	3	17.78
30	兵庫県	NYM1	34.216	134.810	83.2	3	18.89
30	兵庫県	NTM2	34.216	134.810	137.7	3	17.63
30	兵庫県	AGS	34.699	135.387	5.3	2	17.33
30	兵庫県	AGD1	34.829	134.291	297.8	1	12.94
30	兵庫県	BSM1	34.876	135.129	158.0	2	15.90
30	兵庫県	AGD2	34.829	134.291	223.0	4	14.22
30	兵庫県	OOS8	35.407	134.557	541.1	3	12.01
30	兵庫県	TKS5	35.412	134.568	492.6	2	13.44

〔附表7－続〕　近畿地方における地下水温測定結果

県番号	都道府県	コード	北緯	東経	平均標高	検層本数	平均温度
30	兵庫県	TKS6	35.412	134.568	515.0	11	13.64
30	兵庫県	KTY1	35.390	134.770	365.0	3	12.76
30	兵庫県	INK1	35.425	134.669	18.0	2	12.71
30	兵庫県	INK2	35.425	134.669	18.0	5	13.34
30	兵庫県	BSM2	34.876	135.124	159.0	3	15.44
30	兵庫県	NKM	35.418	134.720	129.3	4	13.47
30	兵庫県	BSM3	34.876	135.124	153.8	3	14.81
30	兵庫県	BSM4	34.850	135.150	157.7	3	15.08
30	兵庫県	FSH	34.700	135.078	297.8	3	16.95
30	兵庫県	TMO	34.577	135.363	9.8	2	17.84
30	兵庫県	OTN7	35.406	134.570	494.0	3	11.92
30	兵庫県	NDN	34.658	135.650	69.6	2	15.79
30	兵庫県	MNB1	35.495	134.650	521.7	5	10.61
30	兵庫県	BSM5	34.786	135.124	152.3	4	15.37
30	兵庫県	OOS9	35.402	134.560	514.5	5	12.15
30	兵庫県	NSN	34.784	135.366	15.0	3	18.34
30	兵庫県	OOS10	35.402	134.560	581.4	9	13.11
30	兵庫県	OTN8	35.406	134.569	465.3	14	13.19
30	兵庫県	KYO	35.590	134.562	201.4	3	11.75
30	兵庫県	MNB2	35.445	134.650	556.4	6	10.44
30	兵庫県	MNB3	35.445	134.650	520.6	5	10.94
30	兵庫県	KOA	34.684	135.094	165.8	7	14.40
30	兵庫県	YDM	35.542	134.619	364.0	4	12.47
30	兵庫県	OOS11	35.407	134.557	545.4	11	12.52
30	兵庫県	OTN9	35.407	134.570	493.1	6	13.91
30	兵庫県	OIG8	35.520	134.492	325.0	13	12.25
30	兵庫県	FSH	34.700	135.078	297.8	14	16.42
30	兵庫県	KKY	35.448	134.615	559.4	4	10.31
30	兵庫県	OOS12	35.407	134.557	560.6	4	11.52
30	兵庫県	OTN10	35.403	134.579	479.9	4	13.46
30	兵庫県	OTN11	35.403	134.579	501.2	4	12.24
30	兵庫県	NOT	35.402	134.579	485.5	4	12.24
30	兵庫県	OOS13	35.402	134.560	541.1	4	13.69
30	兵庫県	NOT	35.403	134.578	462.3	4	14.01
30	兵庫県	TOK	34.851	135.145	197.7	6	14.80
30	兵庫県	KYO	35.406	134.570	226.3	6	13.18
30	兵庫県	OTN12	35.406	134.570	483.4	3	13.54
30	兵庫県	TNU	35.393	134.896	225.9	4	13.95
30	兵庫県	OTN13	35.410	134.576	530.3	3	12.64
30	兵庫県	BSM3	34.876	135.124	154.5	4	15.01

〔附表7－続〕　近畿地方における地下水温測定結果

県番号	都道府県	コード	北緯	東経	平均標高	検層本数	平均温度
30	兵庫県	KBO	35.364	134.574	414.7	3	11.21
30	兵庫県	NOT	35.400	134.572	497.3	1	12.79
30	兵庫県	AYS	34.734	135.299	60.0	6	17.47
30	兵庫県	MRI	34.898	134.963	140.0	2	15.26
30	兵庫県	UMG	35.491	134.418	392.9	8	12.01
30	兵庫県	IYN	34.784	135.230	6.0	4	17.65
30	兵庫県	KTY2	35.390	134.770	326.7	7	11.86
30	兵庫県	KTY3	35.390	134.770	326.7	4	11.11
30	兵庫県	KTY4	35.390	134.770	359.2	5	12.45
30	兵庫県	KRD1	35.423	134.607	333.0	7	13.34
30	兵庫県	KRD2	35.423	134.607	339.0	5	13.55
30	兵庫県	KSK1	35.412	134.568	514.9	2	12.16
30	兵庫県	KSK2	35.412	134.568	559.7	4	12.88
30	兵庫県	MZH	34.826	135.087	142.7	4	14.99
30	兵庫県	MRK	34.678	135.167	30.6	3	16.50
30	兵庫県	MRM	34.694	135.202	5.9	2	17.59
30	兵庫県	YRD	34.690	135.201	97.3	6	16.50
30	兵庫県	MNK4	35.484	135.603	382.5	2	11.46
30	兵庫県	MAE	35.513	134.454	295.0	1	13.84
30	兵庫県	ART	34.677	135.163	21.9	3	17.67
30	兵庫県	KRD3	35.423	134.607	370.8	3	13.50
30	兵庫県	KRD4	35.423	134.607	355.5	2	14.74
30	兵庫県	YMD1	35.554	134.600	610.0	1	12.73
30	兵庫県	HYD	35.554	134.600	241.6	8	12.01
30	兵庫県	ICH1	34.869	135.171	203.2	2	13.44
30	兵庫県	ICH2	34.869	135.171	212.2	1	15.78
30	兵庫県	ICH3	34.869	135.171	204.0	8	13.90
30	兵庫県	ICH4	34.869	135.171	205.0	6	14.05
30	兵庫県	KUT	34.765	135.195	315.9	1	14.51
30	兵庫県	KRD5	35.423	134.607	344.5	7	14.08
30	兵庫県	MNK5	35.484	135.603	410.4	31	10.05
30	兵庫県	YAY	34.741	135.296	77.6	8	15.76
30	兵庫県	MNK6	35.484	135.603	386.8	22	11.15
30	兵庫県	MNK7	35.484	135.603	456.4	21	11.91
30	兵庫県	MNK8	35.484	135.603	361.4	16	12.39
30	兵庫県	KGR	34.878	134.373	29.9	1	12.42
30	兵庫県	KMI	34.864	135.114	157.0	2	15.77
30	兵庫県	YKT1	34.891	135.093	145.7	4	18.58
30	兵庫県	YKT2	34.891	135.993	142.3	3	19.58
30	兵庫県	KRD6	35.443	134.603	368.1	1	13.04

〔附表7－続〕　近畿地方における地下水温測定結果

県番号	都道府県	コード	北緯	東経	平均標高	検層本数	平均温度
30	兵庫県	SAI	34.810	134.629	0.0	1	17.54
30	兵庫県	ONE	34.696	135.202	9.9	2	20.95
30	兵庫県	MRI	35.623	134.624	9.2	6	14.72
30	兵庫県	MNK9	35.484	135.603	394.7	3	11.75
30	兵庫県	ZSJ	34.862	135.081	152.0	3	15.36
30	兵庫県	FSH	34.700	135.078	235.6	2	17.84

〔附表8〕　中国・四国地方における地下水温測定結果

県番号	都道府県	コード	北緯	東経	平均標高	検層本数	平均温度
31	鳥取県	TSM	35.540	134.350	19.3	3	15.21
31	鳥取県	EGJ	35.520	134.240	74.0	7	13.59
31	鳥取県	BKR	35.431	133.339	6.5	2	16.50
32	島根県	INH	35.470	133.120	19.0	4	17.40
32	島根県	OOI	35.460	133.130	30.9	2	17.14
32	島根県	TKT	34.630	131.800	19.5	6	12.67
32	島根県	SNJ	35.360	133.010	348.1	5	14.04
32	島根県	HKM	34.620	131.820	24.3	1	11.40
32	島根県	KWN	34.650	131.800	10.0	3	8.91
32	島根県	MYO1	35.330	132.880	29.0	6	15.68
32	島根県	YST	34.650	131.800	19.5	6	16.17
32	島根県	MYO2	35.327	132.879	32.4	3	15.53
32	島根県	USM	35.317	132.739	7.7	2	17.13
33	岡山県	TRG	34.600	133.770	9.7	2	18.08
33	岡山県	IJN	34.670	133.720	14.6	1	16.39
33	岡山県	KTN	34.766	134.218	120.0	4	20.67
34	広島県	NST	34.570	132.340	193.3	3	16.90
34	広島県	FKG	34.530	133.480	19.9	15	16.77
34	広島県	HGS	34.440	132.480	13.9	8	15.94
34	広島県	MDI	34.466	132.484	10.0	4	17.58
34	広島県	TYC	34.383	132.461	8.2	2	17.66
34	広島県	DNB	34.387	132.475	3.2	3	17.40
34	広島県	KWU	34.387	132.474	9.7	2	15.89
34	広島県	UGA	34.666	133.086	459.0	3	13.17
34	広島県	OMD	35.010	132.890	635.0	6	11.94
34	広島県	KNB	34.815	132.822	58.1	1	16.95
34	広島県	KMY	34.396	132.454	3.0	3	18.51
34	広島県	MSO	34.386	132.385	159.5	2	14.11
35	山口県	ABU	34.550	131.550	99.5	4	16.38

〔附表 8 − 続〕　中国・四国地方における地下水温測定結果

県番号	都道府県	コード	北緯	東経	平均標高	検層本数	平均温度
35	山口県	STK	34.070	131.680	105.3	4	15.22
35	山口県	TAK1	34.180	131.480	60.9	7	16.15
35	山口県	SBD	34.277	131.654	190.5	2	12.10
35	山口県	TAK2	34.150	131.418	60.1	5	16.26
36	香川県	MTM	34.300	133.980	59.2	9	15.38
36	香川県	OTS	34.289	134.024	15.3	6	16.71
36	香川県	YMT	34.114	133.741	61.7	4	18.74
36	香川県	HNM	34.353	134.037	4.1	4	15.01
37	徳島県	SBU	34.000	133.900	468.8	5	13.65
37	徳島県	TNS	34.030	133.850	189.5	5	12.49
37	徳島県	TGK	33.910	134.170	452.0	5	13.35
37	徳島県	ARS	33.842	133.797	551.7	5	14.66
37	徳島県	HRT	34.023	134.493	30.0	3	18.06
37	徳島県	KDS	34.030	134.546	1.5	3	17.72
37	徳島県	SSS	34.089	134.508	6.2	2	18.40
37	徳島県	ENM1	34.045	134.476	16.4	2	17.02
37	徳島県	ENM2	34.045	134.476	14.0	1	22.12
37	徳島県	KIY	33.601	134.350	12.0	1	19.55
37	徳島県	KHM1	34.023	134.493	6.0	5	17.19
37	徳島県	KHM2	34.023	134.493	3.3	3	17.82
37	徳島県	TKD	33.915	134.639	3.4	2	19.85
37	徳島県	KIZ	34.171	134.610	2.5	2	17.18
38	高知県	KSG	33.540	133.220	122.3	17	16.53
38	高知県	TKT	33.520	133.130	419.5	2	15.10
38	高知県	YKW1	33.800	133.780	404.9	9	15.52
38	高知県	YKW2	33.800	133.780	382.6	4	15.75
38	高知県	OIS1	33.750	133.630	409.8	9	15.53
38	高知県	OIS2	33.750	133.630	415.7	12	14.59
38	高知県	YKW3	33.800	133.780	401.1	13	15.49
38	高知県	NTA1	33.780	133.780	433.5	13	15.41
38	高知県	MTYF	33.750	133.600	369.0	2	14.91
38	高知県	OUE	33.480	133.080	531.5	7	14.26
38	高知県	HRY1	33.670	133.140	587.3	6	15.39
38	高知県	HRY2	33.670	133.140	561.5	2	15.25
38	高知県	SUZ	33.580	133.150	534.0	2	16.09
38	高知県	AID	33.630	133.200	456.3	4	14.40
38	高知県	KNN	33.580	133.080	623.0	6	14.57
38	高知県	TKS1	33.750	133.600	539.0	8	15.02
38	高知県	TKS2	33.750	133.600	363.8	3	14.31
38	高知県	JZJ	33.680	133.520	413.0	3	16.42

〔附表8－続〕　中国・四国地方における地下水温測定結果

県番号	都道府県	コード	北緯	東経	平均標高	検層本数	平均温度
38	高知県	HIH	33.680	133.490	386.0	3	14.84
38	高知県	AIK	33.720	133.590	339.4	5	15.19
38	高知県	NKW1	33.480	134.050	257.4	7	15.61
38	高知県	NKW2	33.480	134.050	292.3	6	15.55
38	高知県	NJI	33.730	133.470	576.3	9	14.58
38	高知県	TSM	33.530	133.120	387.2	9	14.99
38	高知県	YUN1	33.770	133.780	481.0	3	14.63
38	高知県	YUN2	33.780	133.780	566.0	3	13.67
38	高知県	NGB	33.610	133.300	283.0	5	16.35
38	高知県	OSI3	33.750	133.630	354.5	4	14.42
38	高知県	NTA2	33.800	133.780	526.0	2	13.83
38	高知県	KWI	33.780	133.780	506.8	4	14.61
38	高知県	UCK	33.621	133.313	420.0	2	16.45
38	高知県	NMD1	33.747	133.678	364.1	2	14.26
38	高知県	KRE	33.328	133.213	7.8	3	14.10
38	高知県	MMH	33.814	133.755	495.2	7	14.66
38	高知県	NMD2	33.747	133.678	303.5	9	15.71
38	高知県	YUN3	33.779	133.776	583.4	1	14.25
39	愛媛県	KRD1	33.930	133.640	303.1	5	14.64
39	愛媛県	KRD2	33.930	133.640	434.5	6	14.08
39	愛媛県	KNT	33.550	133.030	664.5	4	14.01
39	愛媛県	TTS	33.620	133.000	571.3	5	14.76
39	愛媛県	MTG	33.590	132.980	538.0	3	15.37
39	愛媛県	NSG	33.720	132.980	689.5	2	13.61
39	愛媛県	TTN	33.550	133.000	667.5	2	13.40
39	愛媛県	UHUR	33.460	132.810	312.0	1	16.23
39	愛媛県	NYM	33.650	132.800	545.0	5	13.80
39	愛媛県	ABT	33.680	132.720	472.1	3	15.65
39	愛媛県	KMM	33.630	132.670	131.8	6	15.08
39	愛媛県	KOK1	33.670	133.380	71.7	6	16.70
39	愛媛県	KOK2	33.670	133.380	71.7	5	15.58
39	愛媛県	KIN1	33.670	134.620	240.6	3	15.17
39	愛媛県	YNZ	33.400	132.740	221.8	1	15.15
39	愛媛県	SGT	33.503	132.608	23.1	8	15.91
39	愛媛県	KIM	33.610	132.780	21.6	3	18.76
39	愛媛県	IKH	34.030	132.860	14.1	3	17.54
39	愛媛県	MNK1	33.780	132.900	122.5	5	14.47
39	愛媛県	MNK2	33.780	132.900	125.4	7	12.82
39	愛媛県	SGN	33.800	132.770	22.2	15	18.69
39	愛媛県	KIN2	33.680	132.700	229.4	3	15.68
39	愛媛県	IDO	33.800	132.780	42.5	15	16.42

〔附表9〕 九州・沖縄地方における地下水温測定結果

県番号	都道府県	コード	北緯	東経	平均標高	検層本数	平均温度
40	福岡県	KGA1	33.850	130.680	23.9	5	15.42
40	福岡県	YKK	33.600	130.850	19.8	4	14.99
40	福岡県	SNE	33.950	131.000	7.4	18	17.27
40	福岡県	HSE	33.650	130.480	103.3	29	14.61
40	福岡県	KGA2	33.850	130.680	23.9	2	14.80
40	福岡県	FKD1	33.610	130.850	73.7	18	17.97
40	福岡県	FKD2	33.610	130.850	84.1	6	22.04
40	福岡県	YGY	33.620	130.620	108.9	8	15.37
40	福岡県	AHN	33.150	130.750	430.2	1	13.40
40	福岡県	GYI	33.826	130.734	21.3	5	18.23
40	福岡県	KUR	33.293	130.572	21.8	5	16.58
40	福岡県	GIH	33.300	130.601	22.1	2	19.13
40	福岡県	KNM	33.128	130.605	71.5	2	17.43
40	福岡県	SKT	33.828	130.733	14.6	2	16.99
40	福岡県	KGA3	33.862	130.688	23.9	2	13.12
40	福岡県	KWH	33.516	130.271	203.1	5	15.22
40	福岡県	USM	33.591	130.608	19.3	2	17.07
41	佐賀県	CNZ1	33.452	129.898	155.0	1	17.36
41	佐賀県	CNZ2	33.452	129.898	25.0	2	19.25
41	佐賀県	YBK1	33.538	129.889	25.3	3	18.41
41	佐賀県	YBK2	33.538	129.889	129.7	7	18.18
41	佐賀県	KHY	33.386	129.939	88.1	4	17.63
41	佐賀県	NRB	33.396	129.927	50.0	1	19.09
42	長崎県	KNP	32.730	129.880	135.5	4	15.92
42	長崎県	ITN	33.277	129.722	170.0	9	16.17
43	熊本県	OHR1	32.980	130.830	191.8	10	15.10
43	熊本県	OHR2	32.980	130.830	191.8	4	15.25
43	熊本県	EBS	32.370	129.980	30.0	4	17.03
43	熊本県	TTR	32.470	130.050	40.1	5	16.95
43	熊本県	YMG	32.980	131.141	689.0	3	17.51
43	熊本県	KTN	32.850	130.601	155.0	7	16.93
43	熊本県	SSS1	33.005	130.567	56.8	3	16.45
43	熊本県	SSS2	33.005	130.567	28.7	1	17.55
44	大分県	OTH1	33.270	131.480	224.4	18	19.99
44	大分県	OTH2	33.270	131.480	224.4	4	20.05
44	大分県	YKG	33.580	131.180	11.8	2	17.22
44	大分県	USN	33.572	131.487	66.8	3	17.77
45	宮崎県	OZK	32.408	131.227	118.2	4	16.62
46	鹿児島県	IZM	32.030	130.370	202.6	3	16.54
46	鹿児島県	MNS	31.430	130.300	6.5	34	20.51

〔附表9－続〕　九州・沖縄地方における地下水温測定結果

県番号	都道府県	コード	北緯	東経	平均標高	検層本数	平均温度
47	沖縄県	SZT	26.170	127.780	66.9	11	22.84
47	沖縄県	GIZ	26.101	127.734	3.1	30	23.05
47	沖縄県	UCB	26.951	127.942	2.2	8	23.87
47	沖縄県	ZKR	26.310	127.770	52.7	4	22.69
47	沖縄県	GNW	26.276	127.745	6.0	2	23.21
47	沖縄県	NKJ	26.683	127.971	6.0	1	20.69
47	沖縄県	CBN	26.356	127.822	41.2	9	22.40
47	沖縄県	MTB	26.679	127.896	22.5	8	21.09
47	沖縄県	KMS1	26.089	127.703	10.9	11	23.03
47	沖縄県	KMS2	26.089	127.703	10.6	14	22.72
47	沖縄県	KDN	26.400	127.781	66.3	15	21.54
47	沖縄県	IE	26.734	127.802	43.7	19	25.08

あとがき

　「地温を測ると何がわかるだろうか？」という単純な疑問から50年，地下を流れている水の存在状態を「あるがままの姿」で三次元的に捉えることができることがわかりました。

　発端は，地すべり地に多数施工されている地下水排除工からの排水状況が一様ではないことにありました。「この一様ではない」ということは，地中に存在する地下水は，必ずしも一様に流れているとは限らないことを示しています。そこで，地下水が流れているところを「水ミチ」と名付けることにしました。

　これまでは資源地下水調査法を駆使して，地下水が関与している諸現象を解明しようとしてきました。その結果に基づいて，地下水排除工を施工しても，満足のいく効果を得ることができない状況にありました。

　この不満を解消するためには，「水ミチ」状に存在している地下水の「あるがままの姿を明らかにする」必要があると考えました。

　ということで，「水ミチ」を探すために，一年を通してせいぜい±1～2℃の変化しか示さない地下水の温度と，±8～10℃の変化を示す地下浅層の温度との差を利用した地温探査法を適用してみようと試みました。

　初めて，この手法を使った新潟県松之山地すべり地では，良好な結果を得ることができました。徐々にデータも増えて，1m深地温探査法は半人前になりました。

　しかし，地すべり・山崩れなどの地盤災害では，平面的な「水ミチ」の存在状態が明らかになっただけでは，水抜きボーリング等の施工位置を決める有効な情報とはなりません。

　次の問題は，どの深さにある水を抜く必要があるかです。これに関する情報を得るために，塩分稀釈による地下水検層が行われてきています。しかし，この検層法は孔内水位以深の情報しか得ることができないという大きな欠点があります。

　ボーリング掘削は，水位・水頭の異なる何枚か存在する帯水層を掘り抜くことが多く，その場合に孔内に出現する水位が何を表現しているかを正しく認識する必要があります。

　そこで，先述の欠点を補う方法として，「温度」という物理的因子を利用した検層法を考えました。いろいろな試行錯誤の結果誕生したのが，「多点温度検層」という検層法です。この検層法を行うことによって，孔内水位の存否に拘わらず，地下水が流れている層の数と，それらの存在深度，およびその流動層の水理的性質についての情報を得ることが可能となりました。

　これによって，地盤災害に大きく関わっている地下水の排除工施工位置とその深度について検討することができるようになりました。

　地温探査法が認められるようになってきたことで，いろいろな分野への適用が検討されるようになりました。その一つに地下水汚染調査への適用が検討されま

した。ここでは、平面的な「水ミチ」の存在場所、垂直方向における流動層に関する情報に加えて、任意の流動層を流れる地下水の流動方向と流速に関する情報が求められました。

そこで、これまでの1m深地温探査ならびに多点温度検層は「温度」という物理的な因子を利用したものであるので、流れている地下水の流動方向と流速も温度を利用したものを開発しようということになりました。これまたいろいろな試行錯誤の末に、現在の「単孔式加熱型流動流速計」ができあがった次第です。

これによって、「温度」という物理的な因子を使った探査法を実施することにより、流れている地下水の存在状態を三次元的に捉えることができるようになりました。

これまでいろいろな現象を調査してくる段階で、徐々に考えがまとまってきました。

多くの地下水災害・地下水障害に大きく関わっている地下水は、自然状態で存在しているものであり、「あるがままの地下水の姿」を明らかにするために、これまでに述べてきた探査法が開発されてきていることに気づきました。そこで、これらの調査法を「自然地下水調査法」と名付けてはということで、ここに提案させていただいた次第です。

ある探査法が人口に膾炙するためには百年という長い年月が必要であると言われています。この調査法が生まれてまだ五十年。世の中に定着し、さらに成長することができることを望みつつ筆を置かせていただきます。

2017年2月

竹内 篤雄

文　献

<第1章>
竹内篤雄（2013）：地下水調査法　1m深地温探査，古今書院
Takada, Yuji（1968）：A Geophysical Study of Landslides（Application of the Electrical Resistivity Survey to Landslides），Bulletin of the Disaster Prevention Research Institute, Kyoto University,Vol.18,Part 2,pp37-58.
萩原尊禮・表　俊一郎（1938）：長野県茶臼山地辷り調査（弾性波法による辷り面の決定），地震，第10巻第12号，pp.12
落合敏郎（1964）：自然放射能による地下水脈探査法，原子力工業，Vol.10,No.1,pp-73-74.
川本　整・岡本敬一（1969）：新潟県矢津地すべり地区における弾性波探査，大阪工業大学中央研究所，第2号，pp.19-32.
Takeuchi, Atsuo（1971a）：Fractured Zone Type Landslide and Electrical Resistivity Survey-1-,Bulletin of the Disaster Prevention Research Institute, Kyoto University,Vol.21,Part 1,pp75-98.
Takeuchi, Atsuo（1971b）：Fractured Zone Type Landslide and Electrical Resistivity Survey-2-,Bulletin of the Disaster Prevention Research Institute, Kyoto University,Vol.21,Part 2,pp137-152.

<第2章>
酒井軍次郎（1965）：地下水学，朝倉書店
P.A.Domenico・F.W.Schwartz（1990, 大西雄三監訳）：地下水の科学1，土木工学社
物理炭鉱技術協会（1979）：物理探査用語辞典
山本荘毅（1970）：地下水探査法，地球出版
フリー百科事典Wikipedia（2015/06/05）

<第3章>
渡　正亮・酒井淳行（1965）：ボーリング孔を用いた地下水垂直探査について，地すべり，Vol.12,No.1,pp.1-9
申　潤植（1988）：地すべり工学－理論と実践－，山海堂
竹内篤雄（1981）：山地浅層地下水の水温と垂直温度勾配について，水温の研究，第25巻第1号，pp.27-42.
竹内篤雄（1996）：温度測定による流動地下水調査法，古今書院，pp.269-277.
竹内篤雄・上田敏雄（1986）：示差温度検層による地下水流出個所検出の試み，第21回土質工学研究発表会講演要旨集，2分冊の1，pp.81-82
竹内篤雄・上田敏雄（1987）：示差温度検層による地下水流出個所検出の試み（その2）第22回土質工学研究発表会講演要旨集，2分冊の1，pp.69-70
竹内篤雄・上田敏雄（1988）：示差温度検層による地下水流出個所検出の試み（その3）第23回土質工学研究発表会講演要旨集，2分冊の1，pp.133-134
竹内篤雄・上田敏雄（1989a）：多点温度検層器による地下水流出個所検出の試み，第24回土質工学研究発表会講演要旨集，2分冊の1，pp.163-164
竹内篤雄・上田敏雄（1989b）：「多点温度検層器」による地下水流動層の把握とその適用例，第34回土質工学シンポジウム，pp.325-332

竹内篤雄・上田敏雄（1990）：多点温度検層器による地下水流動層の定量的把握，第25回土質工学研究発表会講演要旨集，2分冊の1，pp.201-201

竹内篤雄・上田敏雄（1991）：多点温度検層結果と諸地下水調査結果との対比，第26回土質工学研究発表会講演要旨集，pp.191-192

竹内篤雄・上田敏雄（1992）：「多点温度検層器」その適用例，第27回土質工学研究発表会講演要旨集，pp.325-332

申　潤植（1988）：地すべり工学－理論と実践－，山海堂

佐野　理（1983）：多孔性媒質中に穿った円柱状の空洞を過ぎる粘性流，ながれ，2，pp.252-259

籾井他・神野健二・上田年比彦・本村浩志・平野文昭・本田　保（1989）：ボーリング孔内の地下水の流れに関する実験的研究，地下水学会誌，第31巻第1号，pp.13-18

渡辺知恵子・竹内篤雄・山田　晃（2001）：ケーシング挿入後における地下水流動層検出の試み，第40回日本地すべり学会研究発表会講演集，2001,8.pp.303-306．

円藤洋之・竹内篤雄・山中清正（2001）：孔内傾斜計を利用した地下水流動層検出の可能性について，第40回日本地すべり学会研究発表会講演集，2001,8.pp.295-298．

＜第4章＞

渡辺知恵子（1999）：ボーリング孔内における多点温度検層結果の解釈に関する基礎的研究，京都大学理学研究科修士論文

理科年表（1992）

申　潤植（1988）：地すべり工学－理論と実践－，山海堂

＜第5章＞　参考文献はなし
＜第6章＞　参考文献はなし

＜第7章＞

竹内篤雄（2013）：地下水調査法　1m深地温探査，古今書院

山本毅史他（1972）：ホウ素－中性子水分計を利用した単一井による地下水の流速・流向測定方法，第7回土質工学研究発表会講演要旨集

平山光信他（1981）：単孔法による地下水の流向・流速測定器の開発，第16回土質工学研究発表会講演要旨集

斉藤秀晴他（1977）：テレビカメラを応用した地下水流向流速計の開発とその適用性，第42回土木学会年次学術講演会講演要旨集

梅田美彦他（1988）：地下水の流向・流速計の試作，第23回土質工学研究発表会講演要旨集

＜第8章＞

山本荘毅（1970）：地下水探査法，地球出版

吉原宏貴（2013）：流動地下水の非定常変動特性に関する実態調査，群馬大学理工学部卒業論文

＜第9章＞

岩瀬信行・竹内篤雄・秋山晋二（2015）：目的に合わせた地下水調査のための観測孔の仕上げ方について，地盤工学会研究発表会講演要旨集

五十嵐愼久・竹内篤雄・武田伸二（2015）：地下水調査のための観測孔仕上げに関するボーリング掘削径について，地盤工学研究発表会講演要旨集

酒井信介・竹内篤雄・門川泰人・秋山晋二（2015）：地下水調査のための観測孔仕上げに関する室内実験的考察－その1：フィルター材について－，地盤工学研究発表会講演要旨集

櫻井皆生・竹内篤雄・門川泰人・酒井信介（2015）：地下水調査のための観測孔仕上げに関する室内実験的考察－その2：ストレーナー加工について－，地盤工学研究発表会講演要旨集

都築孝之・竹内篤雄・秋山晋二・酒井信介（2015）：地下水調査のための観測孔仕上げに関する室内実験的考察－その3：間詰材について－，地盤工学研究発表会講演要旨集

宮崎基浩・竹内篤雄・山西正朗・足立直樹（2015）：地下水調査のための観測孔仕上げに関する孔内洗浄について，地盤工学研究発表会講演要旨集

＜第10章＞

高橋　稠（1967）：地下水地域調査に見られる水温の総括的研究，地質調査所報告第219号

濱元栄紀，白石英孝，八戸昭一，石山　高，佐竹健太，宮越昭暢（2014）：地中熱利用システムのための地下温度情報の整備とポテンシャルの評価－埼玉県をモデルとして－，物理探査 Vol.67 No.2 pp.107-119

索　引

＊50音順。ただし、「地下水温」と「地下水温データ」については、
　北海道〜九州・沖縄の順に表記してあります。

〔あ〕

圧縮空気　41
厚層流（パターン）　60, 61, 78, 80, 81
異常出水　12
遺跡地下水調査法　21
1m深地温　18
1m深地温調査法　4, 20, 102
逸水　25, 45
　　──現象　26
溢水現象　26
緯度と地下水温　145
移流　107
　　──速度　79
エアーホース　133
　　──の二重管構造　133
エアーリフトによる洗浄　92, 133
越流パイプ　64
塩分稀釈　30, 43
汚染深度　54
　　──物質　54
温水　34, 35, 39, 76
　　──注入法　39
温度　4, 102
　　──検層　31, 43
温度差－時間曲線　107, 109
温度－深度曲線　31, 42
　　　　──グラフ　71, 72, 73, 75, 99
温度センサー　63
温度復元速度　115
温度復元率　42, 57, 98, 113, 114, 115, 134, 135
温度復元率－深度曲線　42, 51, 99
　　　　──グラフ　67, 68, 69, 71, 72, 73, 75, 85
温度復元率－時間曲線　46, 47, 49, 50
温度変化グラフ（バケツ実験）　67, 68, 69

〔か〕

カーバイド　39, 40
拡散速度　79
拡散率　79

隔壁　74
花崗斑岩　15
下降流（パターン）　60, 61, 77, 82
河床堆積物　114
河川
　　──改修　113
　　──水　41
　　──水位　112, 114, 117
　　──堤防　20
下層透水層　77, 78, 79
加電電圧　105, 106
簡易洗浄　92, 96
観測孔　120
　　──の仕上げ方　120
観測点　13
狂水位　77
強風化砂質泥岩層　80, 81
寄与率　145
切り土　3, 20
亀裂水　78
亀裂性岩盤　135, 136
掘削孔径　120, 122, 123, 125, 130, 137
掘削水の種類　121, 122
掘削流体　133, 136
ケーシング　55, 56, 57, 123, 125
　　──孔　55
建設地下水調査法　21
検層深度　39, 84
降水浸透　3
孔内
　　──温度　39, 41
　　──傾斜計　55, 57
　　──水位　19, 25, 26, 27, 31, 44, 45, 55, 77, 78, 79, 86, 87, 19, 25
孔内水位－掘進長グラフ　24
孔内洗浄　84, 92, 120, 122, 133
　　──の方法　121
氷水　41, 42
小型水槽実験装置　62, 63, 66
谷床堆積物　52

索　引　199

〔さ〕

サーミスター測温体　63
災害地下水調査法　21
再現性　20
細砂層　84
最終水位　27
採水点　13
再生可能熱エネルギー　144
細粒砂層　47, 48, 49
砂質系地盤　134
削孔直後　92
砂礫層　47, 48, 49, 50, 60, 80, 81,
　　　　84, 86, 92, 96, 99, 100,
　　　　109, 139
産業廃棄物　3
山地地盤災害　12, 20
CCDカメラ　47, 102
CBモルタル　56
資源地下水調査法　12
示差温度検層　31, 32, 35
地すべり　3, 12
自然地下水調査法　4, 19, 20, 21
自然電位接地法　20
自然電位埋設法　20
地盤材　126, 130, 131, 132
地盤災害　18
遮水　62
斜面崩壊　3
砂利地盤　131
上層透水層　77, 78, 79
上昇流（パターン）　60, 61, 77, 79, 81
除染作業　55
シリコンゴム　35
シルト層　58, 84
シルト混じり砂層　50
水圧　52, 64
水位　27
　──観測孔　55
　──線　26
　──低下量　16
　──日報　24
水温計　144
水温検層用センサー　31
水塊分析　12
水脈状　3
ストレーナー加工　62, 125, 126, 128,
　　　　　　　　　129, 130
砂地盤　131
洗浄効果　85, 133
浅層

　──地温　4
　──地下水　3
　──地下水温　144
　──流動層　118
閃緑岩　80
層厚　42
送気洗浄　85, 87, 91, 92, 93, 96,
　　　　133, 134, 135
層状　3, 60
送水掘削　25
送水洗浄　85, 92, 133, 135
層別地下水　3
測温体　32, 35, 36, 63, 105
存在深度　30, 39, 42, 78, 112, 115,
　　　　117, 115, 116

〔た〕

帯水層　3, 26
　──厚　12
滞留性地下水　31
多孔質体　74
多点温度検層　4, 20, 30, 31, 34,
　　　　35, 37, 38, 42, 49, 50, 54, 55,
　　　　56, 57, 58, 60, 62, 63, 76, 77,
　　　　78, 85, 87, 96, 97, 98, 102, 106,
　　　　112, 113, 114, 125, 133, 137
　──センサー　38, 144
ため池堤体　20
段階式汲み上げ検層法　30, 44
炭化石灰　39
単孔式加熱型流向流速計　4, 20, 102,
　　　　　　　　　103, 104, 106, 125, 128
単孔式流向流速計　102
弾性波探査　12
地温調査研究会　4, 120, 139
地下水　3, 12, 13, 15, 16, 32, 38,
　　　　62, 82
　──汚染　3, 12
　──検層法　30
　──障害　3
　──浸出現象　45
　──調査法　5, 12
　──の涸渇　12
　──流速計　47, 49
　──流向流速計（地中埋設型）
　　　　102, 104
地下水位　24, 25, 27
　──面　26

地下水温　4, 144
　　──（北海道地方）　147
　　──（東北地方）　148, 149
　　──（関東地方）　150
　　──（甲信越地方）　151, 152
　　──（東海地方）　152, 153
　　──（静岡県内）　153, 154
　　──（北陸地方）　155
　　──（近畿地方）　155～157
　　──（大阪府内）　157, 158
　　──（京都府内）　158
　　──（奈良県内）　159, 160
　　──（兵庫県内）　160, 161
　　──（中国・四国地方）　162, 163
　　──（徳島県内）　163, 164
　　──（高知県内）　164, 165
　　──（愛媛県内）　165, 166
　　──（九州・沖縄地方）　166～168
地下水温データ　169
　　──（北海道地方）　170, 171
　　──（東北地方）　171, 172
　　──（関東地方）　172, 173
　　──（甲信越地方）　174, 175
　　──（東海地方）　175～177
　　──（北陸地方）　177～179
　　──（近畿地方）　179～188
　　──（中国・四国地方）　188～190
　　──（九州・沖縄地方）　191, 192
地下水温の高温化現象　168
「地下水流速－温度差」の関係　108
「地下水流速－温度差」回帰曲線　108
地下水流動
　　──層検層　12
　　──経路　130
　　──区間　45
　　──層検出法　31
地下水流脈　3, 12, 102
　　──阻害物　133
地下浅層地熱　144
地すべり活動　19
中型水槽実験装置　62, 63, 66
中性子水分計　102
沖積台地　84
調査孔仕上げ　56, 57
貯留係数　12
泥水　84, 96
堤体
　　──地下水調査法　21
　　──漏水　3, 12
泥膜　135

泥壁　87, 92, 133, 136
電気　4
　　──探査　12
　　──伝導度計　74
同圧（状態）　66, 74, 75
等温線図　107
同時刻－等温線図　107
透水係数　12, 16
透水性　3, 16
透水層　26, 62, 64, 65, 66, 74, 77,
　　　　78, 79, 136
土塊活動　18
土壌粒度分析　16
ドライアイス　41
トレーサー法　12
トンネル掘削　20

〔な〕

内水災害　31
難透水層　26, 27, 64, 65, 79
熱拡散速度　79
熱伝導　34, 46
ネット（巻）　126, 127, 131
粘性土　64
粘土質砂礫層　96
粘土混じり砂礫層　82, 98, 109, 110
農業用水
　　──の渇水期　116
　　──の取水期　116

〔は〕

廃棄物処分場　20
薄層　43
薄層流（パターン）　60, 61, 78, 81
バケツ用実験　66
被圧　58, 64, 79, 80
被圧（状態）　66, 74, 75, 76, 77, 79
被圧水　24, 74, 86, 87, 98
被圧性の透水層　79
ひずみ量　18
標高出現頻度　146
標高と地下水温　145
　　──（イラン）　146
　　──（タリム盆地）　147
標準曲線　50
微粒子（地下水中の）　102
不圧　58, 64
負圧（状態）　66, 77, 133
VP50　56

索 引

フィルター材　120, 121, 122, 126, 128
風化片岩　47, 48, 49
伏流水　112, 118
不織布（巻）　126, 127
不透水性　64
平衡水位　27, 77
ベーラー（揚水）洗浄　92, 133, 134, 136
壁面地下水調査法　21
ベスビオス火山　14
ベントナイト泥水（循環水）　136, 137
崩積土層　60
保孔管　36, 123, 124, 125, 128, 130
　──の開口率　120, 121, 122, 125, 126, 128
　──の開口条件　121
掘り抜き井戸　3
ポリマー系掘削流体　136
ポリマー系循環水　136, 137

〔ま〕

マッドケーキ　92
松之山地すべり　18
間詰め　96
間詰材　97, 120, 121, 122, 125, 126, 130, 131, 132
丸孔（丸穴加工）　125, 126, 128, 130, 131
見掛けの流動層　44
ミクロな地下水　12
水資源用井戸　54
水ミチ　3, 12, 13, 14, 16, 18, 19, 102
密度差　78
盛り土　3, 20
モルタル　55

〔や〕

山崩れ　3, 12

有効ストレーナー長　16
湧水　3
融雪水　19
湯沸しセット　37, 41
揚水　51, 52, 53, 85
　──洗浄　87, 88, 90, 92
　──ホース　87
抑制圧　52
横井戸　3
横スリット（加工）　126, 128, 130
予備的洗浄　85, 88

〔ら〕

裸孔　125
琉球石灰岩　54
流向流速
　──の季節的変動　115
　──計の設置深度　106
　──の変化　112
流速　46, 74, 102, 105, 107
流速換算　74
流動層　26, 32, 34, 35, 36, 38, 42, 51, 53, 54, 55, 56, 57, 58, 60, 61, 79, 80, 82, 96, 99, 100, 102, 106, 114, 116
流動地下水　31, 102, 112, 114, 115, 130
流動方向　102, 105
粒度特性　132
粒度分析　15, 16
流紋岩　52
流量　74, 77, 78
領域別地下水　3
冷水　34, 78
礫質土系地盤　134
礫混じり粗砂層　81, 108, 109
礫混じり砂層　84
ロードヒーター　39, 40

地下水観測孔工仕上げをする様子

〔著者略歴〕

竹内篤雄（たけうち　あつお）

1940年11月	栃木県日光市足尾町生まれ
1964年4月～2004年3月	京都大学防災研究所地すべり研究部門
	（現・斜面災害研究センター）
1977年12月	技術士（応用理学部門）合格
1980年9月	京都大学理学博士
1991年9月	技術士（応用理学部門）登録
2004年3月	京都大学防災研究所定年退官
2004年4月～	自然地下水調査研究所主宰，現在に至る
2005年12月～2008年4月	日本試錐設計㈱　技師長
2006年6月～2011年6月	㈱G&Mリサーチ　技術顧問
2009年6月～	キタイ設計㈱　技術顧問
2015年9月～	芙蓉地質㈱　技術顧問

受賞・表彰

1984年5月	日本地下水学会功労賞
1984年8月	日本地すべり学会論文賞
2004年10月	日本地下水学会功労賞
2005年10月	日本地下水学会技術賞
2014年6月	日本技術士会近畿本部長表彰

自然地下水調査法
－日本国内863箇所の地下水温－

©竹内篤雄，2017

著者　竹内篤雄

2017年3月15日　初版第1刷発行

検印省略

発行所／**近未来社**（発行者　深川昌弘）
〒465-0004　名古屋市名東区香南1-424-102
［電話］(052)774-9639　[FAX] (052)772-7006
［E.mail］book-do@kinmiraisha.com
http://www.d1.dion.ne.jp/~kinmirai/

●定価はカバーに表示してあります。乱丁・落丁はお取り替えいたします。
印刷／モリモト印刷，製本／根本製本，組版DTP／シフトワーク
ISBN978-4-906431-47-2 c1051　Printed in Japan〔不許複製〕